非晶合金复合材料战斗部设计

张玉令　　关鹏鹏　　施冬梅　　李文钊 ◎ 著

DESIGN OF AMORPHOUS

ALLOY COMPOSITE

MATERIAL WARHEAD

北京理工大学出版社
BEIJING INSTITUTE OF TECHNOLOGY PRESS

图书在版编目（CIP）数据

非晶合金复合材料战斗部设计／张玉令等著.

北京：北京理工大学出版社，2025.6.

ISBN 978 - 7 - 5763 - 5271 - 9

Ⅰ. TJ410.3

中国国家版本馆 CIP 数据核字第 2025FK8249 号

责任编辑：钟　博　　　**文案编辑**：钟　博
责任校对：周瑞红　　　**责任印制**：李志强

出版发行 / 北京理工大学出版社有限责任公司
社　　址 / 北京市丰台区四合庄路 6 号
邮　　编 / 100070
电　　话 / （010）68944439（学术售后服务热线）
网　　址 / http：//www.bitpress.com.cn

版 印 次 / 2025 年 6 月第 1 版第 1 次印刷
印　　刷 / 廊坊市印艺阁数字科技有限公司
开　　本 / 710 mm × 1000 mm　1/16
印　　张 / 17.5
字　　数 / 318 千字
定　　价 / 108.00 元

前　言

　　杀爆弹一直是战争中最常用的常规武器之一，它兼顾杀伤、爆破两种毁伤模式，能够打击空中、地面、水上的各种目标。飞机、导弹、步兵战车等目标防护性能的日渐提高对杀爆战斗部预制破片毁伤能力提出了更高的要求。预制破片的制作材料至少需要满足三点要求：一是密度足够高，这样由其所制备的同等体积破片的质量大，动能大，从而毁伤能力强；二是强度足够高，不但在炸药爆炸驱动时预制破片不能破碎，保持爆炸完整性，而且在侵彻毁伤目标时不易破碎，保证毁伤有效性；三是后效作用足够大，例如破片贯穿目标后对目标后的物体具有引燃或引爆作用，以扩大毁伤效果。

　　Zr 基非晶合金是典型的亚稳态材料，它在高动态载荷或剪切应力下剧烈反应并释放能量，产生燃爆效果，能够对物质起到引燃或引爆作用。但是，Zr 基非晶合金属于脆性材料，在室温条件下塑性极差，不符合制作预制破片的材料性能要求。将非晶合金材料与其他材料进行复合，研制性能优异的 Zr 基非晶合金复合材料，可有效解决单一 Zr 基非晶合金塑性差的问题。钨是一种力学性能极其优异的晶态金属，按照钨空间拓扑结构的不同，钨增强 Zr 基非晶合金复合材料可分为钨颗粒增强型、钨纤维增强型和钨骨架增强型 3 种。对于钨骨架增强型，钨骨架可以防止非晶合金内部剪切带的快速扩展，非晶合金对钨骨架中的裂纹扩展具有阻碍作用，两相材料能够很好地相互抑制，而且钨骨架具有比重高、耐高温高压、抗热冲击振动等特点。因此，钨骨架增强型 Zr 基非晶合金复合材料密度高、强度高，可以用来制作预制破片，并且在侵彻毁伤目标的过程中能够通过变形或碎裂产生爆轰效果，从而对目标后的物体起到引燃或引爆作用。

本书围绕非晶合金复合材料在预制破片战斗部设计中的运用展开，整体分为4个模块：第一模块介绍非晶合金材料的冲击释能特性，包括第1章；第二模块以钨骨架 Zr 基非晶合金复合材料为对象，介绍其制备过程和力学性能，包括第2章、第3章；第三模块介绍由钨骨架 Zr 基非晶合金复合材料所制作的预制破片的侵彻能力及其在侵彻毁伤过程中的抗破坏能力，包括第4章~第6章；第四模块介绍在战斗部状态下，非晶合金复合材料破片的飞散特性和毁伤能力，包括第7章、第8章。

本书第1章由施冬梅、尚春明撰写，第2章由施冬梅撰写，第3章、第4章由关鹏鹏、余志统撰写，第5章、第6章由张玉令撰写，第7章由张玉令、关鹏鹏撰写，第8章由施冬梅、李文钊撰写。全书由张玉令统稿。

在本书研究成果的形成过程中，东北大学冶金学院的朱正旺教授、沈阳非晶金属材料有限公司的王猛高级工程师在非晶合金复合材料制备和性能测试上给予了大力支持；秦皇岛瀚丰长白科技有限责任公司的李强高级工程师和刘轩高级工程师、北方华安工业集团有限公司的谢海涛高级工程师和李海涛高级工程师帮助开展了大量的破片侵彻毁伤和战斗部实爆试验；石家庄铁道大学的段静波副教授对数值仿真分析进行了具体指导。还有很多为本书研究成果提供帮助的同仁，恕不一一列出，在此一并表示感谢。

本书是著者对其研究成果的梳理总结，由于能力和条件限制，本书的研究手段和结论难免有不妥之处，敬请同行专家和读者批评指正。

著　者

目　　录

第 1 章
非晶合金冲击释能特性

1.1 冲击释能燃烧热试验分析

Zr 基非晶合金作为一种 MESM 材料，其块体在高速冲击条件下会发生剧烈的类爆炸反应并释放能量，但这个过程释放的能量只是内能的一部分，因此人们对 Zr 基非晶合金的化学潜能一直没有准确的认识。燃烧热是指单位质量的材料与氧气充分反应所释放的能量，它是评估含能材料化学潜能的主要参数之一。借鉴火炸药爆热和燃烧热的测试方法——氧弹量热法，首先探究坩埚材料、助燃剂、氧气压力对 Zr 基非晶合金燃烧热测试的影响，确定最佳的试验条件，在此基础上，对不同组分含量的 Zr 基非晶合金燃烧热进行测试，分析燃烧产物的物相组成，计算不同氧气压力下的反应效率。

1.1.1 试验材料及设备

试验样品为 Zr 基非晶合金箔带，各组成元素的原子百分比如表 1 – 1 所示。样品 A4，B4，C4，D4 的组分含量为 $Zr_{68.5-x}Al_{7.5+x}(CuNi)_{24}$（$x = 0$，2.5，5，7.5），Cu，Ni 含量不变，Zr/Al 比依次为 68.5 : 7.5，66 : 10，63.5 : 12.5，61 : 15。样品 B1，B2，B3，B4 的组分含量为 $Zr_{66}Al_{10}(Cu_{6-x}Ni_x)_{24}$（$x = 0$，1，

2，3），Zr，Al 含量不变，Cu/Ni 比依次为 24：0，20：4，16：8，12：12。Zr 基非晶合金箔带的制备采用甩带法，用冷壁坩埚真空电弧熔炼设备将高纯度金属熔炼为母合金，将熔融后的母合金喷射到高速旋转的铜辊上快速冷却，借助离心力将其抛离辊面，最终形成非晶合金箔带。制备的 Zr 基非晶合金箔带如图 1-1（a）所示，鉴于其长度大、不易变形，为了方便放入坩埚进行试验，将其剪成长度为 1~2 cm 的条状，处理后的 Zr 基非晶合金箔带如图 1-1（b）所示。

其他辅助试验材料包括标准量热物质苯甲酸、标准药方片 60、镍铬点火丝丝、棉线、酒精、不同材质的坩埚等。

表 1-1　Zr 基非晶合金组成元素的原子百分比　　　　　　　%

样品	原子百分比			
	Zr	Al	Cu	Ni
A4	68.5	7.5	12	12
B4	66	10	12	12
C4	63.5	12.5	12	12
D4	61	15	12	12
B1	66	10	24	0
B2	66	10	20	4
B3	66	10	16	8

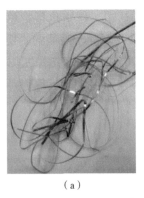
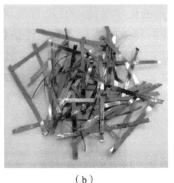

（a）　　　　　　　　　　　（b）

图 1-1　制备的 Zr 基非晶合金箔带

（a）处理前；（b）处理后

试验设备为微机全自动量热系统，具体如下：QZLRY-2002D 型恒温式微机全自动量热仪和测量控制软件，量热仪感温元件为 BA2/PT100 铂电阻，温度测量分辨率为 0.000 1 K，系统的测量精度误差不大于 0.22%；鹤壁 RL 系列充氧式氧弹和配套充氧仪；电子分析天平，称量精度为 0.1 mg；202 型电热恒温干燥箱，恒温灵敏度为 ±1℃；Empyrean 型 X 射线衍射仪，扫描角度为 10° ~ 100°。燃烧热测试的主要试验设备如图 1 - 2 所示。

|(a)|(b)|(c)|

图 1 - 2　燃烧热测试的主要试验设备
(a) 量热仪；(b) 氧弹；(c) X 射线衍射仪

1.1.2　试验原理

Zr 基非晶合金箔带在氧弹中燃烧，释放的热量使量热仪内筒蒸馏水的温度升高，根据温升值、量热仪的热容量和冷却校正值对点火热和助燃剂的放热量进行校正，求得样品的燃烧热，计算公式如下：

$$Q = \frac{E(t_n - t_0 + C) - (q_1 + q_2)}{m_1} \tag{1-1}$$

式中，Q 表示 Zr 基非晶合金的燃烧热（J/g）；E 表示量热仪的热容量，即量热仪系统升温 1K 所需要的热量（J/K）；C 表示冷却校正值，量热仪在试验过程中其内筒与外筒之间始终在发生热交换，采用该值进行校正（K）；m_1 表示样品的质量（g）；t_0，t_n 分别表示内筒蒸馏水的初始温度、终止温度（K）；q_1，q_2 分别表示点火热、助燃剂的放热量（J）。

由式（1 - 1）可知量热仪的热容量关系到燃烧热测试结果准确与否，因此在进行燃烧热测试前或者仪器设备发生变化时，应先对量热仪的热容量进行标定，一般采用苯甲酸作为标准量热物质，热容量计算公式如下：

$$E = \frac{26\ 470 \cdot m_2 + q_1 + q_2}{t_n - t_0 + C} \tag{1-2}$$

式中，m_2 表示苯甲酸的质量（g）；苯甲酸的燃烧热值为 26 470 J/g；其余参数含义同式（1-1）。

热容量的标定和燃烧热的测试均参照 GJB 770B—2005 火炸药试验方法和 GB/T 213—2008 煤的发热量测定方法进行。

试验内容分为两个部分。第一部分探究 Zr 基非晶合金燃烧热测试的试验条件，包括坩埚材质、助燃剂、氧弹内的氧气压力，以指导 Zr 基非晶合金燃烧热测试。第一部分的试验方案如表 1-2 所示，对每个试验方案进行 3 次重复性试验。另外，确定坩埚材质后，需要重新进行量热仪热容量的标定。

表 1-2　第一部分的试验方案①

试验方案	试验样品	坩埚材质	助燃剂			氧气压力/MPa
			种类	助燃剂/试验样品质量比	放置方式	
1#		不锈钢				2.0
2#		Al₂O₃陶瓷				2.0
3#		钨				2.0
4#	B1	钨+酸洗石棉				2.0
5#		钨+酸洗石棉	苯甲酸	3:1	混合	2.0
6#		钨+酸洗石棉	方片 60	3:1	混合	2.0
7#		钨+酸洗石棉	方片 60	3:1	置于箔带上方	2.0
8#		钨+酸洗石棉	方片 60	2:1	置于箔带上方	2.0
9#		钨+酸洗石棉	方片 60	1:1	置于箔带上方	2.0
10#	B1	钨+酸洗石棉	方片 60	0.5:1	置于箔带上方	2.0
11#		钨+酸洗石棉	方片 60	1:1	置于箔带上方	3.0
12#		钨+酸洗石棉	方片 60	1:1	置于箔带上方	1.0

第二部分探究 Zr/Al 比、Cu/Ni 比、氧弹内的氧气压力对 Zr 基非晶合金燃烧热的影响规律，以指导其配方设计和应用。每个组分的试验样品分别在0.1 MPa，0.3 MPa，0.5 MPa，0.8 MPa，1 MPa，2 MPa 和 3 MPa 压力下进行测试，并在每

---

① 本书表格中的空白单元格表示没有相关内容，后面不再重复说明。

个压力下进行 3 次重复性试验。

1.1.3　试验条件确定

1.1.3.1　坩埚材质

Zr 基非晶合金箔带在坩埚中放置并燃烧，参考火药的燃烧热测试的试验条件，初始坩埚选用不锈钢坩埚，但由于 Zr 基非晶合金的组成元素均为金属元素，燃烧温度高，释放能量多，所以按照 1#试验方案实施后，发现盛放试验样品的不锈钢坩埚被烧蚀。图 1 - 3 所示是试验中被烧蚀的不锈钢坩埚。可以看到，坩埚底部已经被烧穿，部分燃烧产物附着在坩埚上，难以回收和分析，而且坩埚的烧蚀释放了额外的热量，导致测量的燃烧热不准确。因此，为了试验的准确性和安全性，用于 Zr 基非晶合金燃烧热测试试验的坩埚材料应具有耐高温、耐烧蚀和热导率低的特性。

（a）　　　　　　　　　　　　（b）

图 1 - 3　不锈钢坩埚的试验情况

（a）坩埚内壁；（b）坩埚底部

查阅燃烧热测试的相关文献，高能推进剂的燃烧热测试试验证实，Al_2O_3 陶瓷坩埚、金属钨坩埚耐高温、耐烧蚀。因此，选用上述两种坩埚分别进行了 Zr 基非晶合金燃烧热测试试验。图 1 - 4 所示是 2#试验方案实施后 Al_2O_3 陶瓷坩埚的试验情况。由图可见，试验样品燃烧结束后，坩埚底部和侧面均产生了裂纹，而且燃烧产物附着在坩埚内壁上，难以回收。

图 1 - 5 所示是 4#试验方案实施后钨坩埚的试验情况。由于钨的导热系数大，热散失快，所以在钨坩埚底部铺垫保温物质酸洗石棉 [图 1 - 5（a）]，这可以使钨坩埚内部形成和维持高温环境，提高 Zr 基非晶合金箔带的燃烧反应程度。3#和 4#试验方案研究了添加酸洗石棉对 Zr 基非晶合金燃烧热测试试验的影响，测得的 Zr 基非晶合金燃烧热分别为 7.6 kJ/g 和 6.5 kJ/g，这说明酸洗石棉起到了

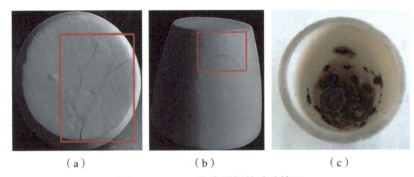

（a）　　　　　　　　　　（b）　　　　　　　　　　（c）

图1-4　Al₂O₃陶瓷坩埚的试验情况

（a）坩埚底部；（b）坩埚侧面；（c）坩埚内壁

（a）　　　　　　　　　　　　　　（b）

图1-5　钨坩埚的试验情况

（a）钨坩埚底部铺垫酸洗石棉；（b）燃烧产物

很好的隔热作用。由图1-5（b）可见，Zr基非晶合金箔带在铺垫酸洗石棉的钨坩埚中燃烧情况较好，钨坩埚没有损坏，而且燃烧产物可回收。综上所述，在Zr基非晶合金燃烧热测试试验中，选取底部铺垫酸洗石棉的钨坩埚作为燃烧容器。

1.1.3.2　助燃剂

Zr基非晶合金箔带的燃烧需要足够的热量维持，当热散失过快时，会存在燃烧不充分的问题，而且燃烧中可能会发生部分Zr基非晶合金箔带熔融、团聚的现象，因此引入助燃剂，研究助燃剂的种类、添加量和放置方式对Zr基非晶合金箔带燃烧过程的影响。助燃剂种类选取标准量热物质苯甲酸和火药燃烧热测试标准药方片60。已知苯甲酸的燃烧热为26.470 kJ/g，试验前测得方片60在富氧条件下的燃烧热为9.216 kJ/g。不同试验方案中Zr基非晶合金燃烧热测试结果如表1-3所示，图1-6所示是方片60的不同放置方式。

表1-3　助燃剂的不同种类、添加量和放置方式下的 Zr 基非晶合金燃烧热测试结果

试验方案	助燃剂			燃烧热/(kJ·g⁻¹)
	种类	助燃剂/Zr 基非晶合金箔带质量比	放置方式	
4#				7.600
5#	苯甲酸	3:1	混合	1.197
6#	方片60	3:1	混合	4.890
7#	方片60	3:1	置于 Zr 基非晶合金箔带上方	8.992
8#	方片60	2:1	置于 Zr 基非晶合金箔带上方	9.287
9#	方片60	1:1	置于 Zr 基非晶合金箔带上方	9.667
10#	方片60	0.5:1	置于 Zr 基非晶合金箔带上方	9.514

（a）　　　　　　　　　　　　（b）

图1-6　方片60 的不同放置方式

（a）混合；（b）置于 Zr 基非晶合金箔带上方

　　根据表1-3中4#~6#试验方案的实施结果可知，与不添加助燃剂相比，当 Zr 基非晶合金箔带添加助燃剂且如图1-6（a）所示混合均匀时，测得的燃烧热反而大幅减小。这是因为助燃剂与 Zr 基非晶合金箔带混合程度较高，助燃剂燃烧释放的气体将 Zr 基非晶合金箔带"吹拂"至坩埚外，使其失去高温环境，导致部分 Zr 基非晶合金箔带燃烧不充分。图1-7（a）所示是助燃剂混合试验后的坩埚支架，Zr 基非晶合金箔带距坩埚支架的上壁距离大约为 5 cm。由图1-7（b）可以看到未燃烧充分的 Zr 基非晶合金箔带和燃烧产物被"吹拂"至坩埚支架的上壁。从燃烧热值来看，苯甲酸对 Zr 基非晶合金箔带的"吹拂"程度更高。更改助燃剂的放置方式，如图1-6（b）所示，将方片60 放置于 Zr 基非晶合金箔带上方，对比1#和4#试验方案的实施结果，测定的 Zr 基非晶合金燃烧热有了

大幅增大，可知将助燃剂放置于 Zr 基非晶合金箔带上方有效减小了气体"吹拂"对试验样品的影响，而且方片 60 的加入为 Zr 基非晶合金箔带的燃烧提供了更多热量，提高了燃烧的反应程度。

（a）　　　　　　　　　　（b）

图 1-7　助燃剂混合试验后的坩埚支架

（a）坩埚支架；（b）坩埚支架的上壁

　　7#~10#试验方案对助燃剂与 Zr 基非晶合金箔带的质量比进行了研究。不同比例下 Zr 基非晶合金燃烧热的变化如图 1-8 所示。由图可知，随着方片 60 添加量的增加，Zr 基非晶合金燃烧热增大。方片 60 与 Zr 基非晶合金箔带的质量比为 1:1 时，Zr 基非晶合金燃烧热最大。当方片 60 的质量继续增大时，Zr 基非晶合金燃烧热减小，这是因为气体的生成速度提高，生成量增大，即使助燃剂放置于 Zr 基非晶合金箔带上方，生成的气体也会对 Zr 基非晶合金箔带产生一定程度的"吹拂"影响。

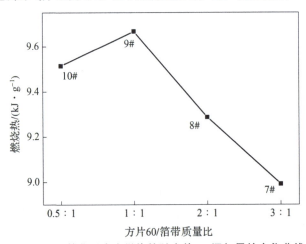

图 1-8　Zr 基非晶合金燃烧热随方片 60 添加量的变化曲线

1.1.3.3　氧气压力

以 10#试验方案为参考，以方片 60 作为助燃剂，其与 Zr 基非晶合金箔带的质量比为 1∶1，并放置于 Zr 基非晶合金箔带上方。改变氧弹内的氧气压力，在氧弹安全充氧的前提下，11#，12#试验方案的氧气压力分别为 3.0 MPa 和 1.0 MPa。不同氧气压力下的 Zr 基非晶合金燃烧热测试试验结果如图 1－9 所示。

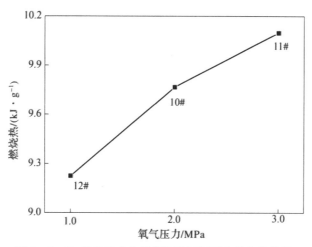

图 1－9 Zr 基非晶合金燃烧热随氧气压力的变化曲线

由图 1－9 可知，随着氧气压力的升高，Zr 基非晶合金箔带的燃烧反应程度逐渐升高，测得的 Zr 基非晶合金燃烧热也不断增大。氧气压力的升高使 Zr 基非晶合金箔带与氧气的接触更充分，在氧气压力为 3 MPa 的条件下，测得的燃烧热最大，为 10.098 kJ/g。当氧气压力从 1 MPa 升高至 2 MPa 时，燃烧热的增大幅度为 0.533 kJ/g。当氧气压力从 2 MPa 升高至 3 MPa 时，燃烧热的增大幅度为 0.431 kJ/g。可见当氧气压力在 1 MPa 以上时，燃烧热随氧气压力的增大而增大的幅度较小。

综上可知，采用氧弹量热法，将试验样品制备成箔带能够实现 Zr 基非晶合金燃烧热测试。对于试验条件，应选用钨坩埚作为 Zr 基非晶合金箔带燃烧的容器以避免坩埚烧蚀，并在坩埚底部铺垫酸洗石棉以形成和维持坩埚内部的局部高温；采用方片 60 作为助燃剂，其与 Zr 基非晶合金箔带的质量比为 1∶1，将助燃剂放置于 Zr 基非晶合金箔带上方，能够产生最好的助燃效果；氧气压力是影响 Zr 基非晶合金燃烧热的重要因素，在氧气压力为 3.0 MPa 的条件下，Zr 基非晶合金燃烧热最大。

1.1.4 组分含量和氧气压力对燃烧热的影响规律

1.1.4.1 燃烧产物分析和燃烧热理论计算

采用 X 射线衍射仪对 Zr 基非晶合金箔带的燃烧产物进行物相分析。图 1－10

所示是不同 Zr/Al 比的 Zr 基非晶合金箔带在 3 MPa 氧气压力下燃烧产物的 XRD 图谱，图 1 – 11 所示是不同 Cu/Ni 比的 Zr 基非晶合金箔带在 3 MPa 氧气压力下燃烧产物的 XRD 图谱。

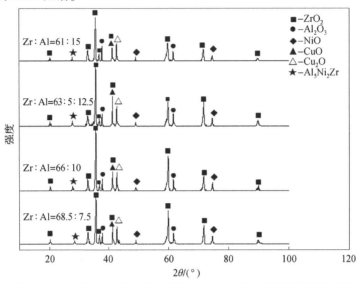

图 1 – 10 不同 Zr/Al 比的 Zr 基非晶合金箔带在 3 MPa 氧气压力下燃烧产物的 XRD 图谱

从图 1 – 10 可以看出，不同 Zr/Al 比的 Zr 基非晶合金箔带燃烧产物的物相类别相同，分为金属氧化物和金属间化合物两种。金属氧化物的主要成分为 ZrO_2，其他成分为 Al_2O_3，NiO，CuO，Cu_2O；金属间化合物为 Al_5Ni_2Zr。

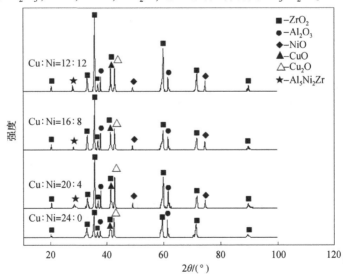

图 1 – 11 不同 Cu/Ni 比的 Zr 基非晶合金箔带在 3 MPa 氧气压力下燃烧产物的 XRD 图谱

由图 1－11 可知，Cu/Ni 比为 20：4，16：8，12：12 的 Zr 基非晶合金箔带的燃烧产物物相类别相同，为 Zr，Al，Cu，Ni 的氧化物和金属间化合物。Cu/Ni 比为 24：0 的 Zr 基非晶合金箔带，即元素组成为 Zr，Al，Cu 时，与其他 Cu/Ni 比的 Zr 基非晶合金箔带相比，其燃烧产物不包含 Ni 元素的氧化物和金属间化合物。

从图 1－10 和图 1－11 所示燃烧产物的物相组成可以看出锆基非晶合金燃烧所释放的能量来自两部分，一是组成元素与氧气间的氧化还原反应所释放的热量；二是金属元素间的化合反应所释放的热量。因为锆基非晶合金箔带燃烧产物中的金属间化合物 Al_5Ni_2Zr 含量极低，所以忽略此部分释放的热量，只计算金属元素与氧气发生氧化还原反应所释放的热量，具体反应方程式如下：

$$Zr + O_2 \rightarrow ZrO_2, \qquad \Delta H = -1\,078.3 \text{ kJ/mol}$$
$$2Al + 3/2O_2 \rightarrow Al_2O_3, \qquad \Delta H = -1\,676 \text{ kJ/mol}$$
$$Ni + 1/2O_2 \rightarrow NiO, \qquad \Delta H = -240.6 \text{ kJ/mol}$$
$$Cu + 1/2O_2 \rightarrow CuO, \qquad \Delta H = -157.2 \text{ kJ/mol}$$

根据 Zr 基非晶合金的组分含量和上述反应所释放的热量，计算得到 $Zr_{68.5-x}Al_{7.5+x}(CuNi)_{24}$（$x=0$，2.5，5，7.5）的理论燃烧热分别为 10.735 kJ/g，10.872 kJ/g，11.017 kJ/g 和 11.170 kJ/g。$Zr_{66}Al_{10}(Cu_{6-x}Ni_x)_{24}$（$x=0$，1，2，3）的理论燃烧热分别为 10.638 kJ/g，10.708 kJ/g，10.779 kJ/g 和 10.849 kJ/g。

1.1.4.2　Zr/Al 比对燃烧热和反应效率的影响

图 1－12 所示是不同 Zr/Al 比的 Zr 基非晶合金箔带在 3 MPa 氧气压力下的燃烧热和反应效率，反应效率指试验燃烧热和理论燃烧热的比值。

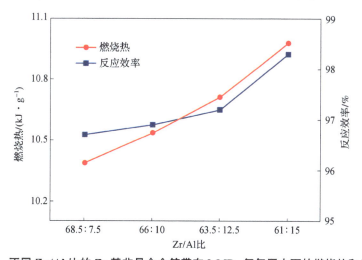

图 1－12　不同 Zr/Al 比的 Zr 基非晶合金箔带在 3 MPa 氧气压力下的燃烧热和反应效率

由图 1-12 可以看出，在 3 MPa 氧气压力下，Zr 基非晶合金箔带的燃烧热和反应效率随着 Zr/Al 比的降低而增长。当 Zr/Al 比为 68.5∶7.5 时，燃烧热最小，反应效率最低，燃烧热为 10.388 kJ/g，反应效率为 96.7%。当 Zr/Al 比为 61∶15 时，燃烧热最大，反应效率最高，分别为 10.981 kJ/g 和 98.3%。Zr 和 Al 都是亲氧元素，容易与氧气发生反应而生成稳定的化合物，而且 Al 与氧气反应的放热量为 30.46 kJ/g，高于 Zr 与氧气反应的放热量 11.82 kJ/g。因此，在 Zr，Al 总含量不变的前提下，Al 含量的增大可以增大 Zr 基非晶合金箔带的燃烧热。燃烧热的增大也意味着释放更多热量，使 Zr 基非晶合金箔带周围的温度升高，高温环境有助于 Zr 基非晶合金箔带的燃烧，从而提高了反应效率。

1.1.4.3 Cu/Ni 比对燃烧热和反应效率的影响

图 1-13 所示是不同 Cu/Ni 比的 Zr 基非晶合金箔带在 3 MPa 氧气压力下的燃烧热和反应效率。由图 1-13 可知，在相同的氧气压力下，Zr 基非晶合金箔带的燃烧热和反应效率与 Cu/Ni 比成负相关，随着 Cu/Ni 比的减小而增大。当 Cu/Ni 比为 24∶0 时，即 Zr 基非晶合金箔带中无 Ni 元素时，燃烧热最小，反应效率最低，分别为 10.098 kJ/g 和 94.9%。当 Cu/Ni 比为 12∶12 时，燃烧热最大，反应效率最高，燃烧热为 10.535 kJ/g，反应效率为 97.1%。Ni 元素与氧气反应的放热量稍高于 Cu 元素，前者为 4.10 kJ/g，后者为 2.475 kJ/g，因此 Cu/Ni 比的减小会增大 Zr 基非晶合金箔带的燃烧热，但增幅不大。Cu 的氧化物 CuO 在高温下容易转变成 Cu_2O 而吸热，因此在 Cu 含量较高时，Zr 基非晶合金箔带的反应效率相对低。

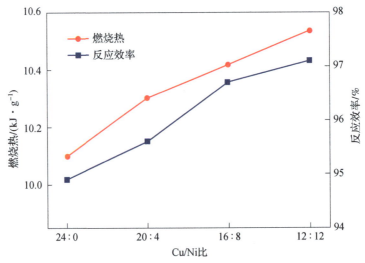

图 1-13　不同 Cu/Ni 比的 Zr 基非晶合金箔带在 3 MPa 氧气压力下的燃烧热和反应效率

1.1.4.4　氧气压力对燃烧热和反应效率的影响

以 $Zr_{68.5-x}Al_{7.5+x}(CuNi)_{24}$ ($x=0$, 2.5, 5, 7.5) Zr 基非晶合金箔带为例，分析氧气压力对其燃烧热和反应效率的影响规律。图 1-14 所示是 Zr 基非晶合金箔带在 0.1 MPa、0.3 MPa、0.5 MPa、0.8 MPa、1 MPa、2 MPa、3 MPa 氧气压力下的燃烧热变化曲线。图 1-15 所示是 Zr 基非晶合金箔带的反应效率随氧气压力的变化曲线。由图 1-14 可知，氧气压力对燃烧过程释放的能量有明显的影响。Zr 基非晶合金箔带的燃烧热与氧气压力成正相关，随着氧弹内氧气压力的增大，Zr 基非晶合金箔带的燃烧热也逐渐增大，但增长速率逐渐降低。1 MPa 氧气压力是燃烧热变化曲线的一个分界点。当氧气压力在 1 MPa 以下时，燃烧热随氧气压力的增大急剧增大，增长速率高，当氧气压力从 0.1 MPa 增大到 1 MPa 时，燃烧热的增长速率为 3.2 kJ/(g·MPa)；而当氧气压力超过 1 MPa 时，燃烧热随氧气压力变化的增长变得平缓，当氧气压力从 1 MPa 增大到 3 MPa 时，燃烧热的增长速率仅为 0.35 kJ/(g·MPa)。燃烧热曲线的变化表明，氧气压力是影响 Zr 基非晶合金箔带燃烧释能的重要因素。一方面，氧气压力的增大使氧弹内的氧气含量增加，Zr 基非晶合金箔带与氧气的接触更充分；另一方面，氧气压力的增大提高了助燃剂和 Zr 基非晶合金箔带的燃烧速度，短时间内产生了较多热量，营造的高温环境又反过来提高了 Zr 基非晶合金箔带的燃烧反应程度。

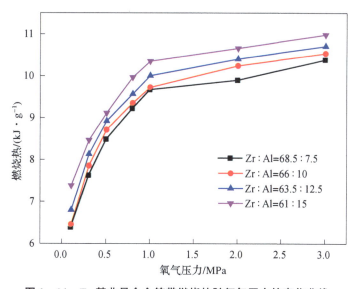

图 1-14　Zr 基非晶合金箔带燃烧热随氧气压力的变化曲线

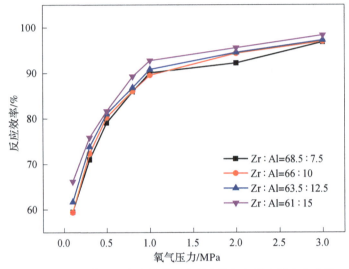

图1-15 Zr基非晶合金箔带反应效率随氧气压力的变化曲线

由图1-15可知，Zr基非晶合金箔带的反应效率随着氧弹内氧气压力的增大而逐渐增大，但增长的速率逐渐降低，变化规律与燃烧热随氧气压力变化的规律相似。当氧气压力从0.1 MPa增大到1 MPa时，反应效率上升明显，从60%急剧上升至90%，增长速率为30%/MPa；而当氧气压力从1 MPa增大到3 MPa时，反应效率随氧气压力的变化趋于平缓，反应效率从90%缓慢上升至96%，增长速率为3%/MPa。另外，与理论燃烧热相比，试验测得的燃烧热稍小。一是因为Zr基非晶合金箔带的组成元素均为金属元素，燃烧过程温度高，部分CuO在高温下转化为Cu_2O，而这个反应过程是吸热的；二是因为计算的理论燃烧热是考虑所有金属元素参与氧化反应放出的热量，而实际上在燃烧过程中并非所有元素都被氧化，还有少量金属间化合物生成。

采用指数函数拟合Zr基非晶合金箔带燃烧热随氧气压力变化的关系曲线。图1-16所示是Zr/Al比为61:15的Zr基非晶合金箔带的燃烧热变化曲线，散点为试验数据，曲线为拟合结果。燃烧热的拟合方程为$E = -4.268\exp(-p/0.545)+10.921$，其为一阶衰减指数函数；将燃烧热的拟合方程除以理论燃烧热11.170 kJ/g得反应效率的拟合方程为$\eta = -0.382\exp(-p/0.545)+0.978$。拟合方程的相关系数为0.992，这表明两个拟合方程均能够准确地反映Zr基非晶合金箔带的燃烧热、反应效率与氧气压力的关系。其他Zr/Al比的Zr基非晶合金箔带的拟合方程参数如表1-4所示。燃烧热、反应效率的拟合方程也符合$y = a \cdot \exp(-p/b)+c$的一阶衰减指数函数形式，相关系数均在0.99以上。

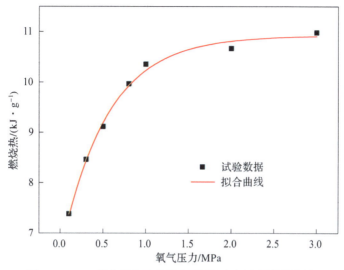

图 1-16　Zr 基非晶合金箔带在不同氧气压力下的燃烧热

表 1-4　燃烧热和反应效率的拟合方程参数

Zr/Al 比	燃烧热/(kJ·g⁻¹)			反应效率/%			相关系数
	a_1	b_1	c_1	a_2	b_2	c_2	
68.5:7.5	4.671	0.509	10.227	0.435	0.047	0.953	0.990
66:10	4.767	0.511	10.432	0.438	0.047	0.960	0.995
63.5:12.5	4.591	0.510	10.615	0.417	0.046	0.964	0.995

1.1.4.5　Zr 基非晶合金与其他含能材料的比较

为了更直观、准确地认识 Zr 基非晶合金的化学潜能，选取当前研究较多的多功能含能结构材料 PTFE/Al（73.5%/26.5%）[44] 和 TNT 作为比较。表 1-5 所示为 3 种含能材料的密度、单位质量能量密度和单位体积能量密度。

表 1-5　3 种含能材料的能量参数

含能材料	密度/(g·cm⁻³)	单位质量能量密度/(kJ·g⁻¹)	单位体积能量密度/(kJ·cm⁻³)
$Zr_{61}Al_{15}(CuNi)_{24}$	6.56	10.981	72.035
PTFE/Al（73.5%/26.5%）	2.40	13.890	33.336
TNT	1.60	4.520	7.232

由表1-5可知，Zr基非晶合金的单位质量能量密度为10.981 kJ/g，是传统含能材料TNT单位质量能量密度的2.43倍，稍小于PTFE/Al(73.5%/26.5%)的13.890 kJ/g；从单位体积能量密度来看，Zr基非晶合金为72.035 kJ/cm³，是TNT的9.96倍，是PTFE/Al(73.5%/26.5%)的2.16倍，这表明Zr基非晶合金蕴含着较高的能量。但从释能反应来看，Zr基非晶合金的能量释放非常依赖其所处环境的氧气含量，其自身组分反应能够释放的能量很少。Zr基非晶合金颗粒在氩气气氛下反应无可见光的试验现象便可看出金属元素间化合释放的能量要远少于金属元素氧化所释放的能量。对PTFE/Al(73.5%/26.5%)这类含能材料来讲，即便在无氧条件下，Al和PTFE的反应也能释放8.53 kJ/g的能量。因此，要想使Zr基非晶合金释放更多能量，提高氧气含量以及增大材料与氧气的接触面积是很好的办法，这也是非晶合金箔带在氧弹中燃烧的反应效率要高于非晶合金破片在冲击过程的反应效率的原因之一。在实际应用中，空气中的氧气含量无法改变，因此可从破片撞击靶板后破碎的颗粒度等途径着手以增大冲击过程释放的能量。

1.2 冲击释能压力试验分析

1.2.1 准密闭容器测压法释能试验

1.2.1.1 试验原理

Zr基非晶合金材料在高速撞击条件下能够发生剧烈的化学反应，释放大量热量，但由于其反应条件的特殊性，难以对其释放的热量进行量化研究。目前普遍采用的释能试验方法是准密闭容器测压法，即VCC（Vented Chamber Calorimetry）试验法。

该方法是由美国海军地面武器研究中心的Ames提出的，主要用于测量含能破片（活性破片）在侵彻条件下释放的能量。测试原理如下。设计一个准密闭的圆柱形（半球形、方形）容器，容器一端密闭，另一端安装薄靶板，密闭的一端内侧需要安装厚挡板。由弹道枪或其他发射设备对含能破片进行加载，破片以一定速度穿透薄靶板后，撞击厚挡板并发生化学反应，剧烈的化学反应使容器内部压力迅速增大。因此，厚挡板与容器必须具有足够的强度，以防止高速侵彻的破片损坏VCC试验箱。在容器内壁的适当位置安装瞬态压力传感器，即可对密闭容器内的压力进行采集。通过对数据进行处理，即可分析出破片在侵彻薄靶板条件下所释放的能量。

破片使用弹道枪进行速度加载，沿破片飞行方向上依次布置弹托回收装置、测速靶及 VCC 试验箱。破片冲击薄靶板释能试验布局如图 1－17 所示。

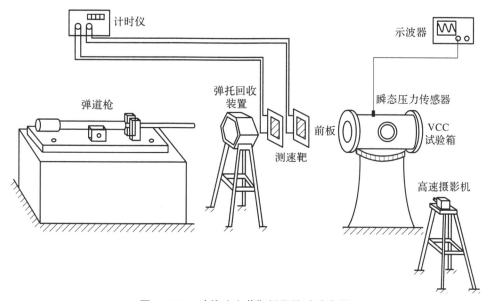

图 1－17 破片冲击薄靶板释能试验布局

1.2.1.2 试验准备

采用真空浸渗法制备得到钨骨架非晶合金复合材料，将其线切割为 8 mm × 8 mm × 8 mm 的方形破片，在试验前使用天平对每枚破片的质量进行称量并记录。弹道枪口径为 14.5 mm，选用粒状发射药，对发射药进行称量后将其装入弹体，口部用脱脂棉塞住，并轻轻压实，依次装入弹托和方形破片。

图 1－18 所示为本试验所使用的 VCC 试验箱，又称为准密闭测试箱。VCC 试验箱与瞬时压力传感器、便携式测量仪组成准密闭超压测量系统。破片穿透 VCC 试验箱前部薄靶板，薄靶板上留有破片撞击产生的小孔，箱内气体可通过小孔泄露，故称为"准密闭"。破片射入箱体后，撞击箱体中部厚靶板，发生化学反应并释放能量，箱体内部压力瞬间增大。瞬态压力传感器可以捕捉箱体内压力随时间的变化关系，并由便携式测量仪记录超压－时间曲线。瞬态压力传感器的量程为 0～5 GPa，便携式测量仪较传统数据采集卡－示波器的测试组件集成度更高，抗干扰能力更强，可以满足试验要求。VCC 试验箱侧面有高强度观察窗，高速摄影机可以透过观察窗对从破片冲击到释能的全过程进行拍摄。高速摄影机如

图 1 – 19 所示。高速摄影机通过数据线与计算机连接，为了保证试验的安全性，拍摄人员在掩体后的安全位置使用计算机对高速摄影机进行操作。

图 1 – 18　VCC 试验箱

图 1 – 19　高速摄影机及其保护装置

1.2.1.3　试验过程

在 VCC 试验箱前端安装铝合金圆形薄靶板，调整测速靶、VCC 试验箱及高速摄影机，准备就绪后，将弹体装入枪膛。确保所有人员均处于安全位置后，在安全工房内通过拉绳拉动扳机进行发射，破片在发射药燃气的作用下飞出，穿透测速靶，计时仪此时接收到通断信号，记录时刻。破片继续飞行并侵彻薄靶板，进入箱体撞击厚挡板，发生强烈的化学反应，产生类似爆轰的效果。在破片撞击 VCC 试验箱内厚挡板的一瞬间，产生刺眼的半球状火光，随即火光充满整个箱体，碎片云及反应产物从薄靶板穿孔中喷出，箱体内火光随之减小，压力逐渐减小，直至火光完全消失，VCC 试验箱内外气压达到平衡，不再有物质喷出。

前一发试验结束后，对枪膛和 VCC 试验箱进行处理，检查厚挡板受损情况（如果受损严重则需进行更换），更换测速靶及铝合金薄靶板，根据发射速度的需求，调整发射药量，各测试设备准备就绪后即可装药进行发射。重复前述操作步骤，依次进行破片冲击薄靶板释能试验。

使用 0.5 mm 厚铝合金薄靶板，仅改变破片的初速，研究薄靶板厚度相同的条件下冲击速度对含能材料反应释能的影响。调整发射药量，使破片的冲击速度在 750 ~ 1 500 m/s 范围内变化，速度梯度约为 150 m/s，共进行 6 发试验。

调整发射药量，将破片的冲击速度控制在 1 200 m/s 左右，仅改变铝合金薄靶板的厚度，对薄靶板厚度与破片释能效果的相关性进行探究。薄靶板厚度依次为 0.5 mm，1 mm，2 mm，4 mm，8 mm，共进行 5 枚破片的试验。

1.2.2　冲击释能效应分析

1.2.2.1　冲击速度的影响

破片以一定速度冲击薄靶板后，箱体内气体压力急剧增大，当压力达到箱体内瞬态压力传感器的采集阈值时，瞬态压力传感器对超压 – 时间曲线进行记录。表 1 – 6 记录了超压峰值。其中，20#破片的超压峰值记为 "—"，这是由于该发破片冲击速度较低，所产生的超压较小，未达到瞬态压力传感器的采集阈值。

表 1 – 6　不同速度破片冲击薄靶板释能结果

序号	破片质量/g	薄靶板厚度/mm	冲击速度/(m·s^{-1})	超压峰值/MPa
17#	6.59	0.5	1 015	0.038
18#	6.60	0.5	875	0.020
19#	6.62	0.5	766	0.014
20#	6.75	0.5	753	—
22#	6.72	0.5	1 248	0.041
32#	6.37	0.5	1 386	0.064

当薄靶板厚度为 0.5 mm 时，破片冲击薄靶板的速度越高，箱体内超压越大。这说明随着冲击速度的增高，破片冲击薄靶板后撞击厚挡板，破碎得更加彻底，与空气接触得更加充分，从而反应更剧烈，箱体内峰值超压更大。不同冲击速度破片的释能超压 – 时间曲线如图 1 – 20 所示。曲线上升段的斜率体现了破片进行释能反应的速率，随着冲击速度的提高，曲线上升段的斜率呈增大趋势，说明释能反应的速率随着冲击速度的升高而升高。

超压达到峰值的时间反映了释能反应的时间长短。从图 1 – 20 可以看出，释能反应总时间与冲击速度的相关性较低，不同冲击速度的破片的超压均在 15 ms 左右达到峰值，由此可以判断，对于厚度较小的薄靶板，破片的冲击速度对释能反应时间的影响较小。

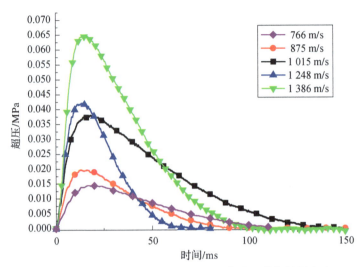

图1-20　不同冲击速度破片的释能超压-时间曲线（薄靶板厚度为0.5 mm）

1.2.2.2　薄靶板厚度的影响

破片以1 250 m/s左右的冲击速度分别对厚度为0.5 mm、1 mm、2 mm、4 mm、8 mm的薄靶板进行侵彻，侵彻结果如表1-7所示。5枚破片的质量与冲击速度相差不大，可认为相同质量的破片在同一冲击速度下对不同厚度的靶板板进行侵彻，从表中可以发现破片在对厚度为0.5 mm及4 mm的薄靶板进行冲击时，产生的超压峰值较大，薄靶板厚度与超压峰值不存在直观的线性规律。

表1-7　破片对不同厚度薄靶板的侵彻结果

序号	破片质量/g	薄靶板厚度/mm	冲击速度/($m \cdot s^{-1}$)	超压峰值/MPa
22#	6.72	0.5	1 248	0.041
26#	6.65	1	1 247	0.027
27#	6.33	2	1 237	0.030
30#	6.37	4	1 256	0.055
29#	6.38	8	1 242	0.047

不同厚度薄靶板条件下的超压-时间曲线如图1-21所示，从图中可以观察到，厚度为0.5 mm薄靶板的曲线最先达到峰值，其余曲线达到峰值的时间较长，约为厚度为0.5 mm薄靶板曲线达到峰值时间的2倍。随着薄靶板厚度的增大，冲击所产生的超压峰值先减小后增大，然后再次降低，这说明薄靶板厚度存在一

个最优值，可以使超压峰值达到最大。当薄靶板厚度增大时，破片冲击需要更大的能量，余速更低，同时，残余破片的质量也随之减小。破片冲击薄靶板后余速越高，撞击厚挡板时释能反应就越剧烈，超压就越大；而破片冲击薄靶板后残余量越小，参与反应的材料就越少，产生的超压就越小。

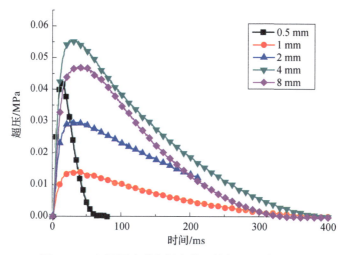

图 1 - 21　不同厚度薄靶板条件下的超压 - 时间曲线

释能反应的剧烈程度主要受破片冲击薄靶板后的破碎程度、残余物的质量以及撞击厚挡板时的速度三者影响。其中，当破片以相同速度冲击同一厚度的薄靶板时，残余物破碎程度越高，剩余材料的质量就越小，两者具有一定的相关性。因此，破片以同一速度冲击不同厚度的薄靶板时，会出现超压峰值先减小再增大，然后减小的情况。

超压峰值与薄靶板厚度的关系如图 1 - 22 所示，从数据的拟合结果可以直观地发现，当薄靶板厚度在 0.5 ~ 8 mm 范围内时，超压峰值存在两个极大值；当薄靶板厚度为 5.2 mm 时，超压峰值最大，达到了 0.06 MPa。由此可以得出结论，当破片以一定冲击速度对薄靶进行侵彻时，存在最优薄靶板厚度，使超压峰值达到最大值。当破片的冲击速度为 1 250 m/s 时，薄靶板的最佳厚度为 5.2 mm，破片冲击释能超压峰值达到 0.06 MPa。

1.2.2.3　释能反应现象分析

观察破片的超压 - 时间曲线可知，冲击 0.5 mm 厚薄靶板的压力释放时间较短，VCC 试验箱内压力在 100 ms 内就与外界空气压力达到平衡，而当薄靶板厚度 1 mm、2 mm、4 mm、8 mm 时，压力减小过程往往需要持续数十到数百毫秒。对冲击后的薄靶板穿孔进行观察可以发现，破片冲击 0.5 mm 厚薄靶板时，形成

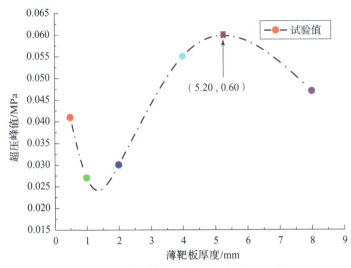

图 1 - 22   超压峰值 - 薄靶板厚度拟合曲线

的孔径是破片边长的数倍,属于典型的冲击 - 大变形侵彻。而对于厚度大于 1 mm 的薄靶板,形成的孔径相对较小,压力释放的时间也就相对较长。压力释放的速度与孔径的大小呈正相关关系,压力释放的总时间与超压峰值的相关性较低。17#(薄靶板厚度为 0.5 mm)与 29#(薄靶板厚度为 8 mm)的薄靶板穿孔如图 1 - 23 所示。

（a）   （b）

图 1 - 23   薄靶板穿孔对比

(a) 17#; (b) 29#

通过高速摄影机对破片冲击释能现象进行分析。由于破片的初速不同、着靶时刻不同,不便于对释能时间进行比较,因此,为了便于对冲击释能过程进行分析,将破片接触薄靶板的时刻定为 1 ms。

20#破片冲击薄靶板释能过程高速摄影如图 1 - 24 所示。在 $t = 1$ ms 时刻,破片冲击铝合金薄靶板,薄靶板与破片接触位置产生少许火光,在破片飞入过程中，未发现明显光亮，说明冲击薄靶板后破片在飞行过程中未发生释能反应。在 $t=1.4$ ms 时刻，破片撞击在厚挡板上，产生椭球状的刺眼白光，白光随即扩大成球状。白光是破片与薄靶板高速撞击形成的碎片云反应所产生的。由于破片撞击的速度较低，所以参与反应的材料相对较少，白光在一段时间后逐渐消失，产生的超压过小，瞬态压力传感器未采集到超压信号。

图 1 - 24　20#破片冲击薄靶板释能过程高速摄影

图 1 - 25 所示为 22#破片冲击薄靶板释能过程高速摄影。冲击速度为 1 248 m/s。在 $t=1$ ms 时刻，破片撞击薄靶板的瞬间产生火光，随后在 $t=1.1$ ms 时刻观察到 VCC 试验箱内有一个小亮块，破片在飞行过程中继续发生释能反应；此时观察到薄靶板穿孔处仍有明显亮光，说明破片穿透时的残余物仍在发生反应。在 $t=1.2$ ms 时刻，破片与厚挡板相撞，产生刺眼的白光，瞬间充满整个箱体，并在持续约 8 ms 后逐渐减弱，这说明材料发生的自蔓延释能反应是产生超压的最主要的原因。与 20#破片相比，破片冲击释能反应更加剧烈，释能现象更加明显，说明对于同等厚度的薄靶板，破片的冲击速度越高，释能反应越充分，释能效果越好。

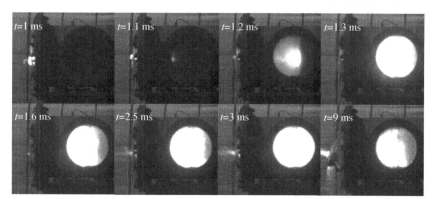

图 1 - 25　22#破片冲击薄靶板释能过程高速摄影

当破片以 1 256 m/s 的速度对 4 mm 厚薄靶板进行冲击时，产生了较强的火光，并在穿透过程中及穿透后，破片表面包裹一层较强的火光。与 22#破片相比，破片侵彻薄靶板时间更长，消耗能量更多，薄靶板穿孔处的反应也更为剧烈；同时，从撞击厚挡板的时间来看，速度降低较多。破片在撞击厚挡板瞬间产生刺眼的白光，随机充满整个箱体空间，并在持续一段时间然后逐渐减弱。对比

22#和30#破片的试验结果可以发现，随着薄靶板厚度的增加，破片在侵彻过程中会消耗过多的能量，材料损失的质量过大，从而导致释放的能量减小，这也是图1-22中薄靶板厚度大于5.2 mm后超压峰值减小的原因。

30#破片冲击薄靶板释能过程高速摄影如图1-26所示。

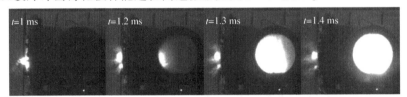

图 1-26   30#破片冲击薄靶板释能过程高速摄影

以上破片冲击薄靶板释能试验，对破片冲击薄靶板后的释能特性进行了探究，研究了冲击速度、薄靶板厚度对释能效果的影响，并对冲击释能现象进行了分析。主要得出以下结论。

（1）对于厚度为0.5 mm的铝合金薄靶板，破片的冲击速度越高，破片穿透薄靶板并撞击厚挡板时就越容易产生碎片云，释能反应越剧烈，超压峰值越大。释能反应速率随着冲击速度的升高而升高，达到超压峰值的时间随冲击速度的变化不明显，说明释能反应的总时间受冲击速度的影响较小。

（2）破片以同一速度冲击不同厚度的薄靶板时，材料发生自蔓延反应主要受破片穿透薄靶板后余速和破碎程度的影响。当薄靶板厚度较小时，破片穿透靶板后的余速较高，撞击厚挡板时能充分反应，释放能量较大，超压较大。当薄靶板厚度增加时，破片穿透速度降低，但破碎程度较严重，撞击厚挡板时更易发生释能反应，释放较多能量；但若薄靶板厚度过大，冲击时消耗能量过多，剩余质量减小，则会使释放的能量减小。存在最优薄靶板厚度，使破片冲击释能效果最好；当冲击速度为1 250 m/s时，最优薄靶板厚度为5.2 mm，超压峰值达到0.06 MPa。

（3）箱体内压力释放时间主要与穿孔的孔径有关，当薄靶板的厚度较小时，破片穿透模式为典型的侵彻-大变形模式，冲击薄靶板的穿孔较大，箱体内压力减小速度较高；当薄靶板厚度较大时，冲击薄靶板的穿孔较小，箱体释放压力的时间明显变长。

1.3   冲击释能瞬态温度试验分析

众所周知，传统金属聚合物的含能破片（如Al/PTFE）在侵彻过程中，被激活释放的化学能生成气态产物，加剧破坏效应。但Al/PTFE的密度约为2.27 g/cm³，有的甚至更低，而破片的密度是影响穿深的重要因素，因此，这类含能破片由于密度低，所以其在侵彻较厚目标中的应用受到了限制。

为了增大穿深，可以采取提高含能破片密度和强度的方法，如在 Al/PTFE 中添加高密度惰性金属（如 W，Ta 等）。但惰性金属在撞击时不参与反应，这样在提高密度的同时导致释放的化学能减少，影响毁伤效果。因此，最理想的方法是使用 Ti，Zr，Nb，U 等密度高的、易发生化学反应的金属替代铝。

Zr 基非晶合金含能破片的研究正是基于上述背景，其组分均为金属，密度高、动态力学性能好，可以侵彻坚硬目标，在高应力作用情况下破碎形成破片云，与氧气接触面积增大，爆燃并释放大量能量，产生冲击波超压、热烧蚀等联合毁伤效果，提高毁伤威力。

衡量冲击波毁伤的参量是超压，而衡量热烧蚀的主要参量是温度。目前研究含能破片释能温度采用的仪器是高温仪或红外高速摄影机，其能够测量含能破片发光粒子云的温度。但上述设备昂贵，试验成本高。为此，可以对测量含能破片超压的 VCC 试验法进行改进，用弹道枪发射含能破片，并冲击释能密封装置，在释能密封装置中预设 4 支微型热电偶，测量腔室内部的温度 – 时间曲线，根据温度与冲击速度的关系，分析含能破片的释能效果及释能温度，为含能破片的释能表征提供新的技术途径。

该试验包括普通热电偶、高频采样试验和快速响应热电偶、高频采样试验两部分，下面对两部分分别进行介绍。

1.3.1 试验系统及原理

1.3.1.1 含能破片参数

试验所用含能破片的组分有两种，分别为 Zr – Ti 基和 Zr – Nb 基非晶合金含能破片，其参数及密度如表 1 – 8 所示。

表 1 – 8 非晶合金含能破片性能参数

破片基	破片形状	尺寸/mm	质量/g	密度/(g·cm⁻³)	成分
Zr – Ti 基	立方体	8×8×8	3.37~3.45	6.58~6.74	Zr，Al，Ti
	圆柱体	φ8×8	2.74~2.78	6.81~6.91	
Zr – Nb 基	立方体	8×8×8	3.35~3.42	6.54~6.68	Zr，Al，Nb
	圆柱体	φ8×8	2.74~2.75	6.81~6.83	

两种组分的破片在冲击作用下所发生的化学反应如下。

$$Zr + O_2 \rightarrow ZrO_2, \qquad \Delta H = 1\ 101\ kJ/mol$$
$$4Al + 3O_2 \rightarrow 2Al_2O_3, \qquad \Delta H = 822.\ 9\ kJ/mol$$
$$4Nb + 5O_2 \rightarrow 2Nb_2O_5, \qquad \Delta H = 1\ 897.\ 14\ kJ/mol$$
$$Ti + O_2 \rightarrow TiO_2, \qquad \Delta H = 944.\ 75\ kJ/mol$$

从上述化学反应可见，两种组分的含能破片在冲击作用下具有比较高的释能作用能力。

1.3.1.2 试验系统

结构释能非晶合金含能破片冲击释能试验系统如图 1 - 27 所示。该系统主要由弹道枪、测速靶、测速仪、WRNK - 191 型铠装热电偶（响应时间≤3 s，直径为 0.8 mm，温度量程为 1 300 ℃）、高频温度采集仪（采样频率为 1 000 Hz，由中北大学信息与通信工程学院设计完成）和钢制密封罐组成。密封罐由 15 mm 厚的 35CrMoSiA 罐体、2 mm 厚的 LY12 铝端盖、12 mm 厚的均质装甲钢砧板组成。密封罐用螺栓与均质装甲钢砧板固定。

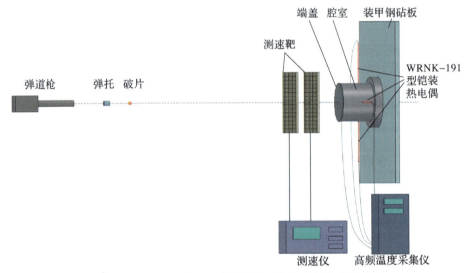

图 1 - 27 结构释能非晶合金含能破片冲击释能试验系统

在罐体四周以 90°钻取 4 个均匀分布的 φ1 mm 的通孔，通孔的位置距甲钢砧板 30 mm，在孔中插入热电偶，以研究腔室中测点的温度 - 时间变化情况。

1.3.1.3 试验原理

利用 12.7 mm 弹道枪发射破片，通过调整发射药量以获得破片的不同冲击速度。在密封罐前布设测速靶，以获得破片侵彻端盖时的冲击速度。具有一定冲击速度的破片侵彻铝端盖后，局部破裂并形成热点，继续向前飞行，撞击甲钢砧板后，破片破碎形成破片云，破片云爆燃释放化学能，使罐体内部温度升高，这样置于腔室内的热电偶可以测得腔室内部温度随时间变化的曲线。

1.3.2　试验结果

试验中两种成分、两种形状的破片统计如表 1-9 所示。

表 1-9　试验破片统计

破片基	形状	试验枚数
Zr-Ti 基	立方体	22
	圆柱体	12
Zr-Nb 基	立方体	22
	圆柱体	14
备注	—	合计 70 枚

1.3.2.1　Zr-Nb 基非晶合金含能破片试验结果

1. Zr-Nb 基立方体破片试验结果

Zr-Nb 基立方体破片试验结果如表 1-10 所示。

表 1-10　Zr-Nb 基立方体破片试验结果

序号	冲击速度/(m·s^{-1})	最大温差/K	最小温差/K	平均温差/K	备注
1#	742.0	140.7	87.0	119.8	
2#	802.0	120.3	37.3	97.2	
3#	835	145.0	107.0	126.8	
4#	882	173.0	127.2	159.3	
5#	916	187.2	147.2	124.7	
6#	923	170.3	159.6	180.3	
7#	991	219.4	118.9	163.9	
8#	1 006	215.0	123.1	136.8	
9#	1 030	157.6	130.9	156.8	

续表

序号	冲击速度/(m·s⁻¹)	最大温差/K	最小温差/K	平均温差/K	备注
10#	1 063	197.2	133.1	159.7	
11#	1 100	214.1	155.9	186.6	
12#	1 106	195.4	73.2	162.1	
13#	1 118	229.8	145.8	167.8	
14#	1 126	202.9	172.6	204.7	
15#	1 145	219.2	106.9	164.1	
16#	1 153	187.1	167.8	197.0	
17#	1 173	236.2	181.0	198.1	
18#	1 213	203.0	166.9	179.0	
19#		216.1	154	183.7	未测到冲击速度
20#	727.74				回收破片
21#	1 246	27	24	25	测速异常
22#		189.5	147.7	168.2	未测到冲击速度

根据表 1 - 10 所示数据，绘制 Zr - Nb 基立方体破片的冲击速度 - 最大温差（测量的最高温度与室温之差）关系曲线，如图 1 - 28 所示。从曲线可见，随着冲击速度的提高，最大温差逐渐增大，当冲击速度提高到一定值后，最大温差基本不再增大，由此可获得释能反应的冲击速度阈值，Zr - Nb 基立方体破片的冲击速度阈值为 1 100 m/s 左右。

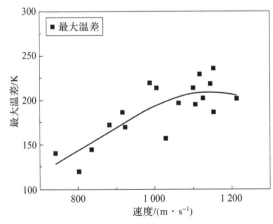

图 1 - 28 Zr - Nb 基立方体破片的冲击速度 - 最大温差关系曲线

图 1 – 29 所示是 Zr – Nb 基立方体破片以不同冲击速度侵彻铝端盖后的状态，当冲击速度较低时，铝端盖侵彻孔为规则矩形 ［图 1 – 29 （a）］，当冲击速度继续提高时，侵彻孔扩大，形状逐渐过渡为不规则椭圆，如图 1 – 29 （c） 所示。

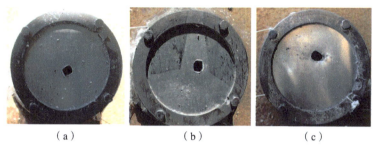

（a）　　　　　　　　（b）　　　　　　　　（c）

图 1 – 29　Zr – Nb 基立方体破片试验后的端盖

（a） 916 m/s；（b） 1 006 m/s；（c） 1 100 m/s

图 1 – 30 所示是 Zr – Nb 基立方体破片在不同冲击速度下回收的碎片状态。在低速情况下，破片破碎不完全，产生的碎片尺寸较大，随着冲击速度提高，破碎形成的碎片云质量增加，即破碎更细，反应更彻底，温度更高。

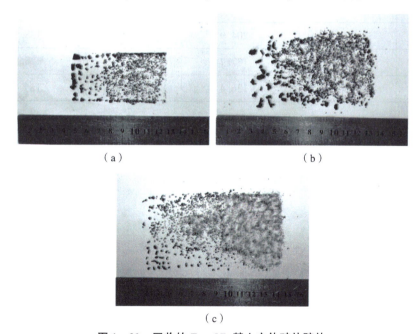

（a）　　　　　　　　　　　　　　（b）

（c）

图 1 – 30　回收的 Zr – Nb 基立方体破片碎片

（a） 742 m/s；（b） 923 m/s；（c） 1 153 m/s

2. Zr – Nb 基圆柱体破试验结果

Zr – Nb 基圆柱破片试验结果如表 1 – 11 所示。

表 1-11 Zr-Nb 基圆柱体破片试验结果

序号	冲击速度/(m·s⁻¹)	最大温差/K	最小温差/K	平均温差/K
1#	648	64.2	50.4	63.8
2#	700	72.4	52.6	65.0
3#	742	88.0	63.0	71.0
4#	785	127.0	90.2	117.5
5#	825	149.0	133.4	139.8
6#	867	174.5	127.8	144.9
7#	907	204.0	130.4	159.0
8#	937	237.0	107.5	169.4
9#	988	259.0	120.3	181.3
10#	1 023	297.6	128.4	190.4
11#	1 046	199.4	131.6	162.8
12#	1 049	204.9	154.2	188.3
13#	1 077	137.7	112.6	128.9
14#	1 100	136.4	136.4	136.4

根据表 1-11 所示数据，绘制 Zr-Nb 基圆柱体破片的冲击速度-最大温差关系曲线，如图 1-31 所示。

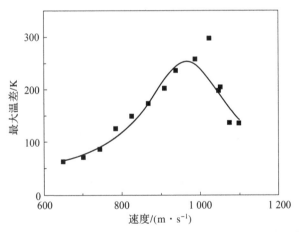

图 1-31 Zr-Nb 基圆柱体破片的冲击速度-最大温差关系曲线

从图1-31可见，随着冲击速度的提高，腔室内的温度也逐渐提高，但是二者呈非线性关系，当撞击速度提高到一定程度后，腔室内的温度开始降低，但这并不表明冲击速度提高到一定值后，破片的反应效率降低，而恰恰是因为反应的剧烈程度提高，进入腔室的破片质量减小，同时腔室中反应的剧烈程度提高，压力增大，从入口处喷射出去的反应粒子增多，留在腔室内的粒子减少，导致温度降低。从图1-31中可进一步证实，破片的冲击速度存在阈值，只有达到该阈值，破片的反应效率才理想。由此可见，根据腔室内的反应温度与冲击速度的关系，可以评估非晶合金含能破片在不同冲击速度下的释能特性。

由图1-32（a）、图1-33（a）、图1-34（a）可以看出，在低速情况下，Zr-Nb基圆柱体破片破碎不完整，回收的大尺寸碎片的金属光泽与原始破片的色泽一致，未被熏黑（即未反应），从试验录像帧中观测的火光喷溅较少；随着冲击速度的提高，碎片尺寸变小，火光喷射量增多且喷射距离远。当冲击速度超过冲击速度阈值后，腔室内壁铺满粉尘，如图1-32（c）所示。超过冲击速度阈值后，随着冲击速度的提高，最大温差不增反减。图1-35所示为不同冲击速度下的最大温差-时间关系曲线。从图1-35可观测到冲击速度与温度的关系。

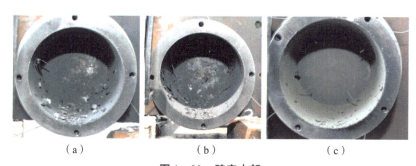

（a）　　　　　　（b）　　　　　　（c）

图1-32　腔室内部

（a）648 m/s；（b）825 m/s；（c）1 049 m/s

（a）　　　　　　（b）　　　　　　（c）

图1-33　试验录像帧

（a）648 m/s；（b）825 m/s；（c）1 049 m/s

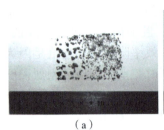 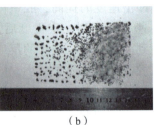 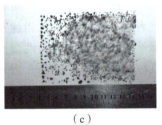

(a)   (b)   (c)

图 1 – 34　Zr – Nb 基圆柱体破片碎片

(a) 648 m/s；(b) 825 m/s；(c) 1 049 m/s

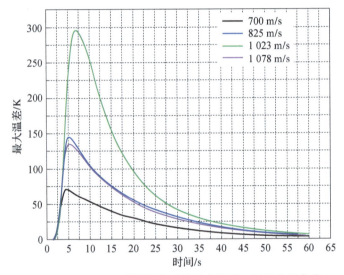

图 1 – 35　Zr – Nb 基圆柱体破片最大温差 – 时间关系曲线

1.3.2.2　Zr – Ti 基非晶合金含能破片试验结果

1. Zr – Ti 基立方体破片试验结果

表 1 – 12 所示为 Zr – Ti 基立方体破片试验结果。

表 1 – 12　Zr – Ti 基立方体破片试验结果

序号	冲击速度/(m·s⁻¹)	最大温差/K	最小温差/K	平均温差/K	备注
1#	232	22.2	14.6	18.1	
2#	327	80.0	72.9	77.5	
3#	456	91.3	74.0	83.3	
4#	487	116.3	86.7	92.5	

续表

序号	冲击速度/(m·s⁻¹)	最大温差/K	最小温差/K	平均温差/K	备注
5#	555	120.1	88.7	106.2	
6#	583	137.1	106.2	119.3	
7#	649	168.1	124.0	139.3	
8#	695	173.4	128.0	144.6	
9#	769	181.0	135.3	150.5	
10#	779	221.0	115.3	163.8	
11#	842	202.0	140.1	169.1	
12#	912	212.5	145.6	177.9	
13#	957	233.0	123.4	177.5	
14#	1 002	254.4	183.0	206.0	
15#	1 049	181.0	172.0	176.6	
16#	1 056	232.0	155.7	181.7	

根据表 1 – 12 所示数据，绘制 Zr – Ti 基立方体破片的冲击速度 – 最大温差关系曲线，如图 1 – 36 所示。

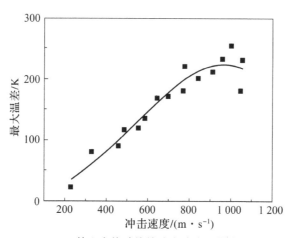

图 1 – 36　Zr – Ti 基立方体破片的冲击速度 – 最大温差关系曲线

从图 1 - 36 可见，Zr - Ti 基立方体破片的冲击速度与腔室内的温度也呈现非线性增加趋势，且冲击速度提高到一定值后，腔室内的温度同样不再提高。其规律与 Zr - Nb 基立方体破片相似，只是因成分不同，冲击速度阈值不同而已。

从图 1 - 37 可以看出，Zr - Ti 基立方体破片穿过铝端盖撞击甲钢砧板后，腔室温度很快上升至峰值，随后逐渐冷却至室温。速度越高，温度峰值越高，冷却至室温所需时间也越长。

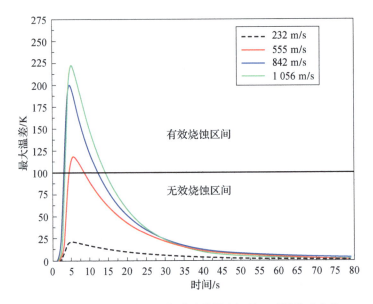

图 1 - 37　Zr - Ti 基立方体破片的最大温差 - 时间关系曲线

图 1 - 38 所示为 Zr - Ti 基立方体破片冲击速度在 81 ~ 1 200 m/s 范围内时不同冲击速度区间所收集的碎片情况。如图 1 - 38（a）和图（b）所示，当冲击速度 ≤114 m/s 时，破片无法击穿 2 mm 厚铝端盖，破片仍保持完整形状，但与铝端盖接触处有少量质量损失；当冲击速度大于 114 m/s 后，破片侵彻铝端盖进入腔室。从图 1 - 38 可以看出，当冲击速度为 232 ~ 462 m/s 时，仍能回收到较大半完整的破片碎片；当冲击速度 >462 m/s 后，无法回收到半完整的破片碎片；从图 1 - 38（c）~（e）可见，破片碎裂程度随冲击速度的提高逐渐提高，当冲击速度超过冲击速度阈值后，对比图 1 - 38（k）与（i）可见，回收的破片碎片质量越来越小，即腔室内余留的破片反应物随冲击速度的提高而减少。

2. Zr - Ti 基圆柱体破片试验结果

表 1 - 13 所示为 Zr - Ti 基圆柱破片试验结果。

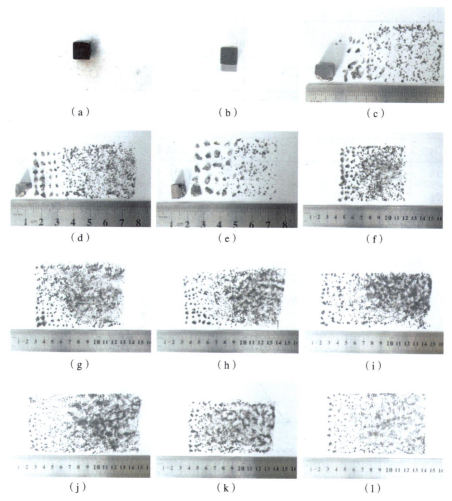

图 1 – 38　回收的 Zr – Ti 基立方体破片碎片状态

（a）81 m/s；（b）114 m/s；（c）232 m/s；（d）324 m/s；（e）462 m/s；（f）555 m/s；
（g）649 m/s；（h）769 m/s；（i）842 m/s；（j）957 m/s；（k）1 056 m/s；（l）1 115 m/s

表 1 – 13　Zr – Ti 基圆柱体破片试验结果

序号	冲击速度/(m·s⁻¹)	最大温差/K	最小温差/K	平均温差/K	备注
1#	517	87.7	76.1	81.0	
2#	573	110.0	84.0	102.0	
3#	618	145.2	91.0	121.3	
4#	683	163.4	103.4	140.3	
5#	743	185.0	112.3	159.2	

序号	冲击速度/(m·s⁻¹)	最大温差/K	最小温差/K	平均温差/K	备注
6#	842	210.8	126.4	168.0	
7#	923	253.4	253.4	253.4	
8#	953	259.1	125.3	199.8	
9#	994	228.9	138.9	174.0	
10#	1 043	227.6	142.2	193.4	
11#	1 126	224.0	151.9	184.7	
12#	1 174	193.0	135.7	159.6	

根据表 1 - 13 所示数据，绘制 Zr - Ti 基圆柱体破片的冲击速度 - 最大温差关系曲线如图 1 - 39 所示。

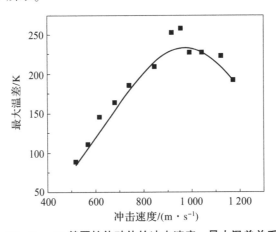

图 1 - 39　Zr - Ti 基圆柱体破片的冲击速度 - 最大温差关系曲线

从图 1 - 39 可见，Zr - Ti 基圆柱体破片的冲击速度与腔室内温度也呈非线性增加趋势，且冲击速度提高到一定值后，腔室内的温度也开始降低，说明采用该方法进行试验，对于非晶合金破片均可以获得高效反应的冲击速度阈值，为非晶合金破片的有效应用提供有力的技术支持。

Zr - Ti 基圆柱体破片的回收碎片如图 1 - 40 所示。同样可见，随着冲击速度的提高，破片破碎越完全，反应越剧烈，超过冲击速度阈值回收的破片质量越小。

1.3.2.3　试验结果分析

根据试验结果，分析不同成分和形状的非晶合金破片的冲击速度阈值区间、和在冲击速度阈值测得的最大温差，如表 1 - 14 所示。

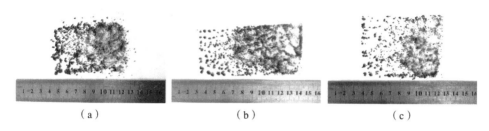

图 1 - 40　回收的 Zr – Ti 基圆柱体破片碎片

(a) 682.73 m/s；(b) 841.58 m/s；(c) 1 082.81 m/s

由表 1 - 14 可以看出，Zr 基圆柱体破片成分中分别添加 Nb、Ti 对冲击速度阈值有影响。因为 Ti 比 Nb 的金属活泼，Zr – Ti 基反应所需的活化能小于 Zr – Nb 基，完全激活所需的动能小。相同形状的 Zr – Ti 基破片与 Zr – Nb 基破片相比，Zr – Ti 基破片的冲击速度阈值小于 Zr – Nb 基破片；在冲击速度相同的情况下，Zr – Ti 基破片释放的能量大于 Zr – Nb 基破片。

当成分相同时，圆柱体破片比立方体破片的质量小，完全激活需要的动能小，对应的冲击速度阈值也低。

表 1 - 14　试验结果比较

破片基	破片形状	冲击速度阈值/(m·s⁻¹)	最大温差/K	初始质量/g
Zr – Nb 基	立方体	1 104 ~ 1 134	267.3	3.35 ~ 3.42
	圆柱体	974 ~ 1 023	297.6	2.74 ~ 2.75
Zr – Ti 基	立方体	1 002	254.4	3.37 ~ 3.45
	圆柱体	953	259.1	2.74 ~ 2.78
备注	—	试验值	试验值	试验值

当破片的冲击速度低于冲击速度阈值时，在冲击速度较低的情况下，破片破碎形成的大尺寸碎片多，小尺寸碎片少；随着冲击速度的提高，小尺寸碎片越来越多，化学反应也越来越剧烈。当冲击速度高于冲击速度阈值时，回收的小尺寸碎片比在冲击速度阈值的情况下少，这可能是破片在侵彻铝端盖时，由于冲击速度高，碎裂损失或在铝端盖外发生化学反应的质量越来越大的缘故。

1. 相同形状、不同组分非晶合金破片释能的比较

图 1 - 41 所示为两种不同组分的圆柱体破片的冲击速度 – 最大温差关系曲线。从图 1 - 41 可见，Zr – Ti 基圆柱体破片的冲击速度 – 最大温差关系曲线位于 Zr – Nb 基圆柱体破片的冲击速度 – 时间关系曲线上端，即当冲击速度相同时，

Zr–Ti 基圆柱体破片测得的温差大于 Zr–Nb 基圆柱体破片测得的温差。这从侧面反映了 Zr–Ti 基圆柱体破片的潜能大于 Zr–Nb 基圆柱体破片。两种圆柱体破片的冲击速度阈值较为接近。当冲击速度超过冲击速度阈值后，Zr–Ti 基圆柱体破片温差的减小趋势比 Zr–Nb 基圆柱体破片慢。

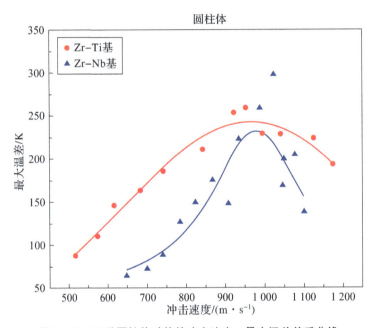

图 1–41 两种圆柱体破片的冲击速度–最大温差关系曲线

图 1–42 所示为两种不同组分的立方体破片的冲击速度–最大温差关系曲线。由图 1–42 可以看出，Zr–Ti 基立方体破片释能优于 Zr–Nb 基立方体破片，即在相同的冲击速度下，Zr–Ti 基立方体破片测得的温差大，且冲击速度阈值低于 Zr–Nb 基立方体破片。换句话讲，以更低的速度冲击目标能使 Zr–Ti 基立方体破片反应释能更大，即在同等冲击速度下，从反应的完全度和释能效率来讲，Zr–Ti 基立方体破片优于 Zr–Nb 基立方体破片。

2. 相同组分、不同形状非晶合金破片释能的比较

不同形状、不同质量的 Zr–Ti 基破片的冲击速度–最大温差关系曲线如图 1–43 所示。由图 1–43 可以看出，圆柱体破片与立方体破片的冲击速度阈值相近，在低速情况下，立方体破片释能温度高，达到一定速度后，圆柱体破片反而释能温度高。这可能与圆柱体破片质量小，以同等速度冲击后破片碎裂程度高，反应更彻底有一定的关系，也可能与圆柱体破片质量小，冲击后腔室内压力小，从入射口喷出的火花量少有关。

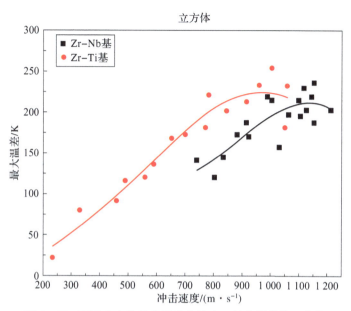

图 1 - 42　两种立方体破片的冲击速度 - 最大温差关系曲线

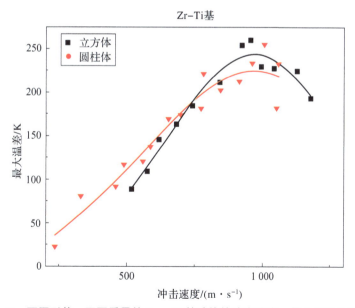

图 1 - 43　不同形状、不同质量的 Zr - Ti 基破片的冲击速度 - 最大温差关系曲线

不同形状的 Zr – Nb 基非晶合金破片的冲击速度 – 最大温差关系曲线如图 1 – 44 所示。

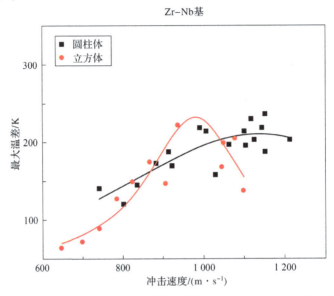

图 1 – 44　不同形状的 Zr – Nb 基非晶合金破片的冲击速度 – 最大温差关系曲线

由图 1 – 44 可以看出，Zr – Nb 基圆柱体破片的冲击速度阈值低于 Zr – Nb 基立方体破片。在 800 ~ 1 100 m/s 的冲击速度区间，圆柱体破片测得的最大温差大于立方体破片测得的最大温差，在其他区间反而小于立方体破片测得的最大温差。当冲击速度高于冲击速度阈值后，圆柱体破片最大温差的下降趋势比立方体破片快。研究结果与 Zr – Ti 基非晶合金破片的趋势不同，经过仔细分析，这应该与试验样本量有一定关系。

关于非晶合金破片的组分、形状对释能的影响有待继续研究，因为本研究所提供的立方体破片和圆柱体破片的质量不同，圆柱体破片的质量小，所以在不同等条件下进行比较存在质疑。只有在两者质量相同的条件下进行比较，研究结果的置信度才会更高，故本研究仅作浅显的对比。

虽然上述试验没有来得及使用响应速度高的热电偶进行，但是试验结果对于比较响应速度对释能作用是完全可行的。

1.3.3　非晶合金破片释能快响应热电偶测温试验

由于 WRNK – 191 K 型铠装热电偶响应时间 <3 s，难以及时采集非晶合金破片释能最高温度等弊端，所以在 2022 年 4 月，本书编写团队与中北大学信息与

通信工程学院签订科研协议，研发响应时间为毫秒级、采样频率高的温度采集仪，同时将试验的钢制密封罐改为绝热性良好的 3841 环氧树脂（热导率为 0.2 W·m^{-1}·K^{-1}）释能密封腔，以尽量减少材料导致的腔室内温度散失。

1.3.3.1　快响应热电偶测温试验系统

该试验系统由多个零部件组成（图 1-45），分别如下：自制的绝热性良好的 3841 环氧树脂释能密封腔，为了防止环氧树脂局部软化对测温结果的影响，在腔室内壁嵌入 1 mm 厚的 LY12 铝内衬，使用 2 mm 厚的 LY12 铝端盖、12 mm 厚的均质装甲钢砧板（每做一次试验，在装甲钢砧板上涂一层 ZS-322 绝热涂料）；两种铠装微型热电偶，分别为美国 OMEGA 牌 CHAL-005-BW 型热电偶（响应时间为毫秒级，直径为 0.125 mm，温度量程为 1 600 ℃，将购置的裸露热电偶丝组装后使用，分别设置在系统图 1-45 中的 A，C 两处）以及国产 WRNK-191 型热电偶（响应时间 <3 s，直径为 0.8 mm，温度量程 1 300 ℃，分别设置在图 1-45 中的 B，D 两处）；快响应温度采集仪，采集频率为 1 000 Hz；南京理工大学制造的 NLG202-Z 测速仪；自制的区截测速靶；12.7 mm 长的弹道枪及自制支架。

1.3.3.2　试验结果

1. Zr-Nb 基立方体破片试验结果

表 1-15 所示为 Zr-Nb 基立方体破片在不同冲击速度下的试验结果。其中，T_{Fmax} 为两支 CHAL-005-BW 型热电偶测量的两个峰值中的最大值，T_{Fave} 为两支 CHAL-005-BW 型热电偶测量的两个峰值的平均值。同理，T_{Smax} 为两支 WRNK-191 型热电偶测量的两个峰值中的最大值，T_{Save} 为两支 WRNK-191 型热电偶测量的两个峰值的平均值。试验结果表明，腔室内测点的温度与冲击位置有密切关系，冲击位置不同，同型四支热电偶测得的温度值各不相同，即测点的温度是位置的函数；同时，热电偶深入腔室的长度不同，测得的温度也不相同。本试验报告列出的数据均是热电偶设置在相同位置和深入腔室的长度相同的条件下的数据（热电偶深入腔室太长时容易被破片碎片击断，故深入腔室长度也不可以太大，如图 1-46 所示）。

图 1-47 所示为在不同冲击速度下，同一型号热电偶采集的时间-温度关系曲线。由图 1-47 可以看出，CHAL-005-BW 型热电偶分别在 104 ms、325 ms 和 131 ms 内迅速上升至最高温，然后迅速冷却，随着时间推移，冷却速率逐渐降低；WRNK-191 型热电偶分别在 1 122 ms、1 545 ms 和 1 291 ms 内上升至最高温，然后缓慢冷却。两种型号的热电偶采集的温度峰值均随着冲击速度的升高而升高，冷却至室温所需时间也越长，且两种型号的热电偶采集到温度峰值的时间也呈相同的趋势。这进一步表明，慢响应热电偶可以用温度表征非晶合金破片冲击速度的释能特性。

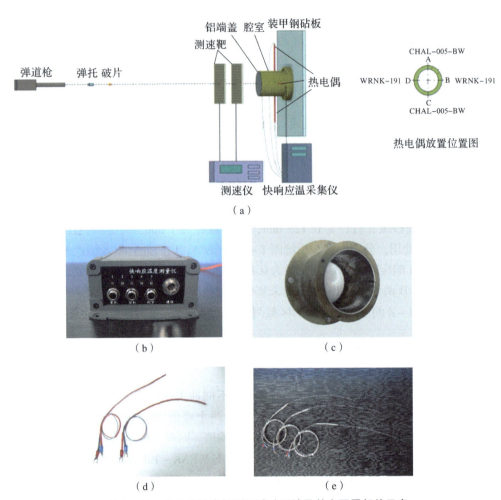

图 1-45　快响应热电偶测温试验系统及其主要零部件示意

（a）试验系统布置示意；（b）快响应温度采集仪；（c）环氧树脂释能密封罐；
（d）CHAL-005-BW 型热电偶；（e）WRNK-191 型热电偶

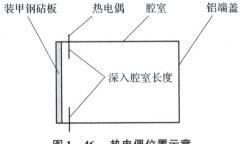

图 1-46　热电偶位置示意

表 1-15　Zr-Nb 基立方体破片在不同冲击速度下的试验结果

热电偶型号	CHAL-005-BW		WRNK-191	
冲击速度/(m·s^{-1})	T_{Fmax}/℃	T_{Fave}/℃	T_{Smax}/℃	T_{Save}/℃
585.7	686.0	627.5	103.0	102.0
788.9	1 006.0	983.0	140.0	132.0
930.2	1 108.0	1 033.5	193.0	189.0
1 014.9	1 188.0	1 167.0	239.0	231.0
1 027.2	984.0	959.5	220.0	214.5
1 116.6	930.0*	930.0*	203.0	200.0
621.4	—	—	118.5	108.8
880.7	—	—	179.3*	179.3

注：表中"—"表示热电偶断，"*"表示一支热电偶的数据。

图 1-48 所示为在同一冲击速度下，两种型号的四支热电偶采集的时间-温度关系曲线。从图 1-48 可以看出，非晶合金破片开始释能时，两种不同型号的热电偶同时响应，CHAL-005-BW 型热电偶首先达到温度峰值，延滞一定时间后 WRNK-191 型热电偶也达到温度峰值。从开始响应到 2 914 ms 后，CHAL-005-BW 型热电偶的温度低于 WRNK-191 型热电偶的温度。可见，鉴于两种型号的热电偶对释能起始温度的响应时间一致，只是达到温度峰值的时间和温度峰值不同，就非晶合金破片根据腔室内温度分析冲击速度与释能的关系而言，两种型号的热电偶具有同等效力。但是，由于两种型号的热电偶测得的温度绝对值差别较大，从衡量对目标的烧蚀作用而言，CHAL-005-BW 型热电偶具有更绝对的优势。

图 1-49 所示为两种型号的热电偶测得的 Zr-Nb 基立方体破片冲击速度-温度峰值关系曲线。用三次曲线 Cubic 能较好地拟合变化关系。由图 1-49 可以看出，破片冲击速度在 600~900 m/s 范围内，腔室内的温度峰值随着冲击速度升高而增大；破片冲击速度 900~1 100 m/s 为 Zr 基含能破片的冲击释能的冲击速度阈值区间，两种型号热电偶的温度峰值均达到最大。之后，随着冲击速度的继续升高，温度峰值不再增大反而开始减小。可见，在研究条件下，Zr-Nb 基立方体破片的最佳释能冲击速度应≥900 m/s。当然，不同组分、不同质量的 Zr 基含能破片的最佳释能冲击速度阈值不同。

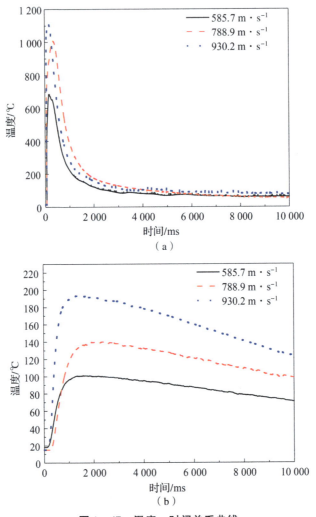

图 1 - 47　温度 - 时间关系曲线

（a）CHAL - 005 - BW；（b）WRNK - 191

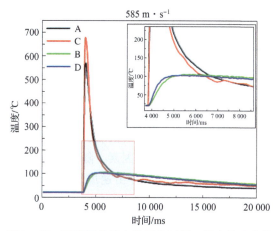

图 1 – 48　两型号的热电偶采集时间 – 温度关系曲线

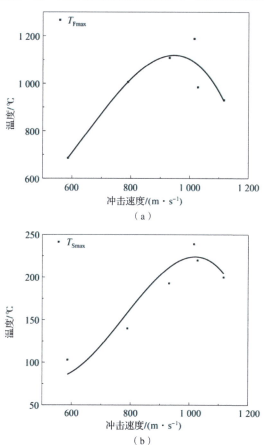

图 1 – 49　两种型号的热电偶测得的 Zr – Nb 基立方体破片冲击速度 – 温度峰值关系曲线

（a）CHAL – 005 – BW；（b）WRNK – 191

有研究者认为，含能破片反应效率是冲击速度的强函数，一旦达到冲击速度阈值，反应效率的提高就相对较小。也就是说，一旦达到冲击速度阈值，冲击速度的进一步提高不会明显提高反应效率。腔室中含能破片释放的化学能受到两个因素的影响，一为破片质量，二为破片冲击速度。由图 1-49 可知，当冲击速度低于冲击速度阈值时，冲击速度对释能的影响占据主要地位，起始冲击速度越高，破片内部产生的热点越多，破片冲击装甲钢砧板后的碎裂程度越高，反应效率越高；而当起始冲击速度超过冲击速度阈值后，冲击速度对反应效率的影响弱化，此时破片参与反应的质量为主要影响因素。随着起始冲击速度的提高，冲击铝端盖后进入腔室的破片质量减小，且冲击速度越高，破碎越显著，反应越彻底，腔室内的压力越大，喷射出的粒子云越多，留在腔室内的粒子云越少，导致温度相应降低。但在实际情况下，对于确定质量的非晶合金破片而言，释能效率仅与冲击速度相关。

为了验证冲击速度达到一定值时破片冲击铝端盖后是否已经碎裂，用装细沙的罐子收集破片只冲击铝端盖，不冲击装甲钢砧板时的状态，试验结果如下：当初始冲击速度为 462 m/s 时，破片没有碎裂，形态完好；当初始冲击速度为 555 m/s 时，回收的破片已经碎裂，但是碎片较大，质量损失 0.11 g。在这两种情况下回收的破片状态如图 1-50 所示。

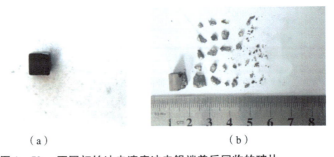

（a）   （b）

图 1-50　不同初始冲击速度冲击铝端盖后回收的破片

（a）初始冲击速度为 462 m/s；（b）初始冲击速度为 555 m/s

由此可见，当冲击速度更高时，一部分破片在冲击铝端盖后已经碎裂，并在腔室外发生化学反应，进入腔室参与反应的破片质量比初始质量减小，而破片发生碎裂是释能反应进行的先决条件，破片的碎裂程度越高，反应越彻底，能量释放也越多。

非晶合金破片反应产物对热电偶而言为非稳态传热，热电偶指示温度与反应产物温度相比具有一定的迟滞性，但热电偶作为测温器具，可以对非晶合金破片冲击释能后腔室内的温度场作出所期望的响应。两种型号的热电偶采集的温度峰值的变化趋势接近，均能观测到冲击速度阈值区间。快响应热电偶采集的温度为腔室内实时温度场变化，慢响应热电偶虽不能捕获瞬时高温，但能相对表征非晶合金破片在不同冲击速度下的冲击释能特性，同样能获取某一破片的冲击速度阈值，且慢响应热电偶试验的耐用性相对较高，而快响应热电偶由于直径很小，所以其损坏频率很高。试验成本升高，试验效率相对也降低。

2. Zr - Ti 基立方体破片试验结果

表 1 - 16 所示为 Zr - Ti 基立方体破片释能温度的试验结果。

表 1 - 16　Zr - Ti 基立方体破片释能温度的试验结果

热电偶型号	CHAL - 005 - BW		WRNK - 191		备注
冲击速度/(m · s⁻¹)	T_{Fmax}/℃	T_{Fave}/℃	T_{Smax}/℃	T_{Save}/℃	
544. 9	493	427	136. 2	135. 1	
691. 7	819	729. 5	172. 9	166. 5	
787. 0	683	609. 5	185. 4	176. 2	
812. 4	794	685	189. 8	183. 8	
914. 0	822	796. 5	189. 0*	189. 0	
927. 6	852	803. 5	194. 9	186. 0	
991. 2	1 047	982. 5	231. 3	215. 7	
1 027. 1	1 216	1 141	206. 1	204. 4	
1 146. 7	1 497*	1 374	245. 6	225. 3	一支热电偶熔断
757. 2	—	—	179. 2	172. 2	两支热点偶熔断
803. 7	—	—	184. 8	180. 9	两支热点偶熔断
833. 3	—	—	186. 7*	186. 7	两支热点偶熔断
954. 5	—	—	223. 2	216. 6	两支热点偶熔断

注：表中"—"表示热电偶熔断，试验开始裸露在腔室中的热电偶长，故损坏率高。"*"表示一支热电偶的数据。

图 1 - 51 所示为 CHAL - 005 - BW 型热电偶和 WRNK - 191 型热电偶测得的 Zr - Ti 基立方体破片冲击速度 - 温度峰值关系曲线。从图 1 - 51 可以看出，两种型号的热电偶采集的冲击速度 - 温度峰值的趋势相同，这进一步表明用热电偶采集的温度与冲击速度之间的关系可以表征含能破片的释能特性。对比 Zr - Nb 基立方体破片冲击速度 - 温度峰值关系曲线可知，Zr - Ti 基立方破片的冲击速度达

到 1 146.7 m/s，但是没有测出温度拐点的峰值，这说明 Zr – Ti 基非晶合金破片的冲击速度阈值比 Zr – Nb 基非晶合金破片高，且在相同的冲击速度下的释能温度也比 Zr – Nb 基非晶合金破片高。

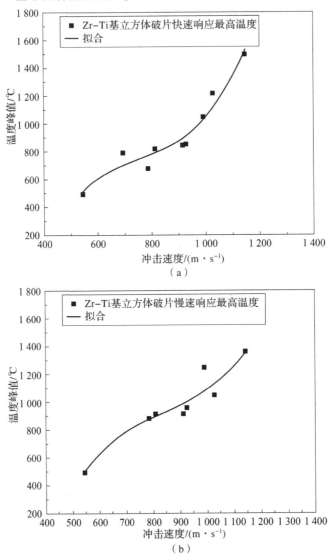

图 1 – 51　两种型号的热电偶测得的 Zr – Ti 基立方体破片冲击速度 – 温度峰值关系曲线
（a）CHAL – 005 – BW；（b）WRNK – 191

根据热电偶的性能指标，CHAL – 005 – BW 型热电偶当温度达到 1 500 ℃ 左右时会产生熔断效应，因此，无法继续进行冲击速度更高的试验。

图 1 – 52 所示为不同冲击速度下的 Zr – Ti 基立方体破片的时间 – 温度关系曲

线。从图 1-52 可见，当冲击速度低于冲击速度阈值时，随着冲击速度的提高，温度峰值也在增大。

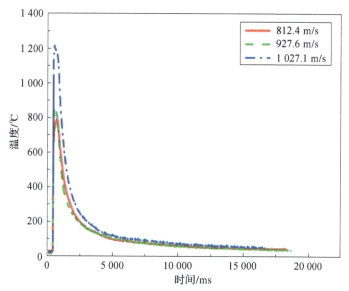

图 1-52　不同冲击速度下的 Zr-Ti 基立方破片的时间-温度关系曲线

图 1-53 所示为 Zr-Ti 基立方体破片在不同冲击速度下在腔室内反应后回收的反应残渣。从图 1-53 可见，随着冲击速度的提高，破片的碎裂程度提高，破片云质量相对增大，而回收到的残渣质量相对减小。这进一步表明，冲击速度越高，留在腔室内的破片质量越小。

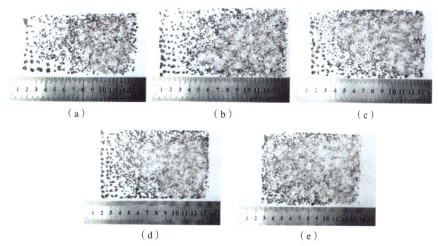

图 1-53　Zr-Ti 基立方体破片在不同冲击速度下在腔室内反应后回收的反应残渣

(a) 691.7 m/s; (b) 752.2 m/s; (c) 812.4 m/s; (d) 914.0 m/s; (e) 1 146.7 m/s

从图 1-53 可见，随着冲击速度的提高，破片的碎裂程度提高，腔室内的破片残渣质量减小。当冲击速度为 681.7 m/s 时，有一些较大碎片，且色泽与原始破片相近，表明没有完全反应。但是当冲击速度提高至 1 146.7 m/s 后，没有发现与原始破片色泽相同的碎片，表明破片基本参加了反应。

3. Zr-Nb 基圆柱体破片试验结果

对于圆柱体破片，首先用 Zr-Nb 基圆柱体破片做试验，当冲击速度为 765.8 m/s 时，对于 CHAL-005-BW 型热电偶，一支测得的温度峰值为 755.0 ℃，另一支熔断。WRNK-191 型热电偶测得的温度峰值分别为 133.0 ℃ 和 149.0 ℃。当冲击速度为 944.4 m/s 时，对于 CHAL-005-BW 型热电偶，一支测得的温度峰值为 979.0 ℃，另一支熔断。WRNK-191 型热电偶测得的温度峰值分别为 137.0 ℃ 和 153.0 ℃。鉴于圆柱体破片质量小，飞行时在空中翻转频繁，损坏 CHAL-005-BW 型热电偶的概率较高，试验效率降低，试验成本提高，故没有继续进行圆柱体破片的测温试验。

图 1-54 所示为 CHAL-005-BW 型热电偶采集的 Zr-Nb 基圆柱体破片在不同冲击速度下的时间-温度关系曲线。从图 1-54 可见，Zr-Nb 基圆柱体破片的冲击速度高，温度峰值大，冷却到室温的时间也相应延长。

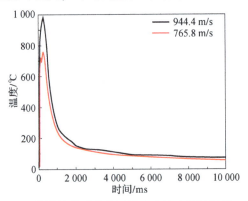

图 1-54　Zr-Nb 基圆柱体破片在不同冲击速度下的时间-温度关系曲线

从图 1-55 可见，冲击速度高的破片残渣质量小，碎裂程度高，即反应完全性高；冲击速度低的破片正好相反。将该破片与冲击速度相近的立方体破片比较可以发现，当冲击速度相近时，圆柱体破片残渣更碎，反应更完全。

4. 结论

（1）采用热电偶可以根据测量温度确定冲击速度与释能的关系。两种型号的热电偶用于确定冲击速度与释能的关系具有同等效力。但是，由于两种型号的热电偶测得的温度峰值差别较大，从衡量对目标的烧蚀作用而言，CHAL-005-BW 型热电偶具有更绝对的优势。

（a）   （b）

图 1-55   Zr-Nb 基圆柱体破片试验后腔室中的残渣

（a）冲击速度为 765.8 m/s；（b）冲击速度为 944.4 m/s

（2）非晶合金破片的组分对释能有影响。无论是圆柱体破片还是立方体破片，释能温度测量结果由高到低的顺序为均为 Zr-Ti 基 > Zr-Nb 基。由此可见，Zr-Ti 基非晶合金的释能温度高于 Zr-Nb 基非晶合金，即其对目标的烧蚀作用优于 Zr-Nb 基非晶合金，但是其释能的冲击速度阈值也高于 Zr-Nb 基非晶合金。

第 **2** 章
钨骨架非晶合金复合材料制备

本章选用合适粉末粒度的钨粉烧制成钨骨架结构，以多元非晶合金为母合金熔体，采用真空浸渗法制备钨骨架非晶合金双连续相三维连通复合材料，对材料的密度、动静态压缩性能进行试验研究，并对试样的压缩断裂机理进行分析。

2.1　钨骨架制备及表征

2.1.1　成型压力和粉末粒度的影响

选用编号为 F1，F2，F3 的三种粉末粒度的钨粉，其粉末粒度分别为 3.5 μm，50 μm，200 μm，在成型压力为 100~400 MPa 的范围内，得到不同粉末粒度的孔隙率随成型压力变化的数据，如图 2-1 所示。由图 2-1 可以看出，对同一粉末粒度，压坯孔隙率随着成型压力的增大而降低，这是由于钨粉在松装堆积时，其颗粒表面不规则，彼此之间有摩擦，颗粒相互搭桥而形成拱桥效应，当施加压力时，钨粉内的拱桥效应遭到破坏，颗粒彼此填充孔隙，重新排列位置，增加接触，钨粉发生位移。随着压力增大，颗粒发生变形，由最初的点接触逐渐变成面接触，当压力继续增大时，钨粉末除有少量塑性变形外，主要是脆性断裂，因此，在钨粉成型过程中，随着成型压力的增加，压坯的密度逐渐升高，孔隙率降低。

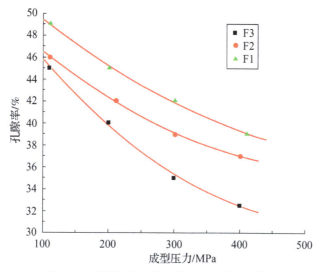

图 2 - 1　成型压力和粉末粒度对孔隙率的影响

在成型压力相同的情况下，粗粉压坯的孔隙率低于细粉压坯的孔隙率，这是因为粉末粒度不同时，粉末越细，其松装密度就越低，流动性越低，在模具中填充容积大，在压制中模冲的运动距离和粉末间的内摩擦力都会增加，压力损失随之增大，造成压坯密度低、孔隙率高。

2.1.2　烧结温度的影响

利用烧结使钨骨架达到一定的强度和孔隙率，一般压型工艺只能将钨粉压制到 60% 左右的相对密度，不经过烧结，颗粒还是独立的，只是依靠压制机械力和成型剂的黏结力结合在一起，压坯强度较低。压坯通过烧结可以使颗粒之间形成烧结颈，减少颗粒之间的界面，提高钨骨架的强度，从而提高复合材料的强度。图 2 - 2 所示为颗粒烧结后形成烧结颈，可以看出烧结颈已经形成并显著长大，颗粒之间通过烧结颈连接在一起，部分孔隙已经开始球化，钨骨架孔隙变大并相互连通。

选用编号为 F1，F2，F3 的三种粉末粒度的钨粉，其粉末粒度分别为 3.5 μm，50 μm，200 μm。采用模压成型，成型压力范围为 200 ~ 500 MPa。将制备的压坯在 1 400 ℃，1 500 ℃，1 600 ℃ 的温度下采用氢气气氛进行烧结，得到不同粉末粒度的压坯烧结后孔隙率随烧结温度变化的关系曲线，如图 2 - 3 所示。

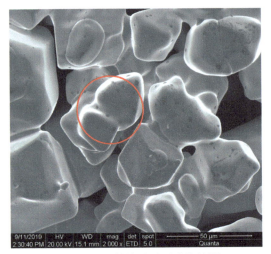

图 2 - 2　颗粒烧结后形成烧结颈

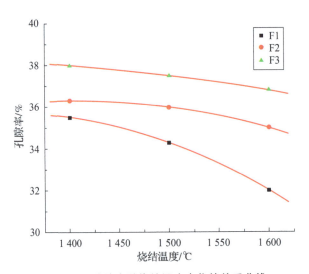

图 2 - 3　孔隙率随烧结温度变化的关系曲线

从图 2 - 3 可以看出，同一粉末粒度的压坯随着烧结温度的升高，其孔隙率降低，这是由于对于多孔钨单元系，烧结的主要机理是扩散和流动，当烧结温度升高后，无论扩散还是流动均加速进行，原子间颗粒结合面的大量迁移使烧结颈扩大，颗粒间距缩小，孔隙大量消失，从而降低孔隙率。

在相同的烧结温度下，细粉多孔钨的孔隙率要低于粗粉多孔钨的孔隙率，因为在烧结过程中，表面扩散的作用十分显著，而颗粒的相互连接首先在颗粒表面进行，粉末越细，比表面越大，表面扩散越容易进行。

2.1.3　湿氢烧结

湿氢烧结是氧化 – 还原烧结的过程（$M + xH_2O \leftrightarrow MO_x + xH_2$），金属在湿氢气氛下烧结时，发生可逆的氧化、还原过程，这一反应使金属表面被还原出的金属原子活性提高，扩散速度提高，从而增快了形核和晶粒增长[18]。因此，压坯在温度远低于熔化温度的条件下发生收缩和致密化。金属钨能够与水蒸气发生反应，在颗粒表面形成大量活性原子，其显著减小了烧结过程表面原子扩散的激活能，促进了烧结收缩和致密化。

湿氢烧结能够降低烧结温度，实际操作时只需要在烧结气氛中添加水即可，不需要添加其他活化元素，该工艺引入的杂质含量较少。将烧结保护气体——氢气通过水后再通入烧结炉，同时对盛水的密闭金属容器恒温加热 40 ℃，保证水维持在一个稳定的蒸发量。表 2 – 1 所示为 3.5 μm 的钨粉在 1 500 ℃湿氢烧结前、后的对比数据，图 2 – 4 所示为湿氢烧结前、后钨骨架断口的形貌对比。

表 2 – 1　湿氢烧结对比数据

条件	体积/cm³	体积收缩率/%	相对密度/%
原始压坯	1.017		63.22
湿氢烧结	0.935	8.06	68.78

（a）　　　　　　　　　　　　　　　（b）

图 2 – 4　1 500 ℃湿氢烧结前、后钨骨架断口的形貌对比

（a）未烧结；（b）1 500 ℃烧结后

从图 2 – 4 可以看出，3.5 μm 的钨粉进行 1 500 ℃湿氢烧结，坯体发生了明显的收缩，烧结颈已经形成并显著长大，部分孔隙已经开始球化。钨骨架孔隙变大并相互连通，钨骨架中孔隙分布比较均匀，没有明显的闭孔出现，颗粒之间通

过烧结颈连接在一起,使钨骨架的强度有了较大的提高。

2.1.4 成型剂的影响

钨粉的硬度和强度都非常高,是一种非塑性粉末,很难在常温下发生塑性变形。对于钨粉而言,直接压型一般只能将其压到 60% 左右的相对密度,而实际需要的钨粉压坯的相对密度要达到 70% 以上,直接压制钨粉无法达到这样高的密度,需要在钨粉中添加适量的成型剂,以减小钨粉的摩擦力,改善钨粉的成型性能,使其在较小的压力下也能达到需要的密度。

2.1.4.1 甘油成型剂

甘油是一种润滑性能很好的成型剂,且甘油含碳量较少,有利于脱出。取适量的粉末粒度为 3.5 μm 的钨粉,按钨粉的质量百分比 1%,2.5%,5% 称取甘油,再取同样体积分数的无水酒精加入甘油搅拌均匀,然后将制备的甘油酒精溶液倒入钨粉搅拌均匀,进行压制,得到的压制密度如表 2-2 所示。

表 2-2 不同甘油酒精添加量下的压制密度

甘油酒精添加量/%	最大压制压力/MPa	压坯相对密度/%
1	230	60.5
2.5	190	60.7
5	155	58.6

甘油酒精具有很好的润滑效果,大大减小了钨粉的摩擦力,但是其对钨粉的黏结性能较差,压制的坯体很容易发生掉边、缺肉、分层等缺陷,添加甘油酒精的钨粉所能达到的压坯密度也较低。

2.1.4.2 石蜡成型剂

取适量的粉末粒度为 3.5 μm 的钨粉,分别按钨粉的质量百分比 1%,2% 称取石蜡,将石蜡加热融化后放入 100 ℃ 水浴加热的钨粉,搅拌 30 min 至混合均匀。将制备的钨粉进行压制,1% 石蜡含量的钨粉压坯分层现象较多,2% 石蜡含量的钨粉成型能力较好,2% 石蜡含量的钨粉压坯的压制曲线如图 2-5 所示,其微观结构如图 2-6 所示。

从图 2-5 可以看出,压坯的相对密度随着成型压力的增大而升高,但是当相对密度达到 65% 左右时,如果继续增加成型压力,压坯的相对密度提高很少。

这是由于石蜡的密度比较低，其被加入钨粉后所占的体积较大，所以石蜡添加量较大会造成压坯极限相对密度降低，2%石蜡含量的钨粉的极限相对密度为70.8%。

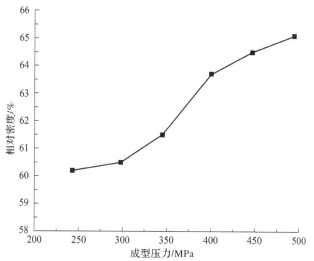

图 2 − 5　2%石蜡含量的钨粉压坯的压制曲线

图 2 − 6　2%石蜡含量的钨粉压坯的微观结构

2.1.4.3　硬脂酸成型剂

取适量的粉末粒度为 3.5 μm 的钨粉，按钨粉的质量百分比 2% 称取硬脂酸，将硬脂酸加热融化后放入 100 ℃ 水浴加热的钨粉，搅拌 30 min 至混合均匀。将制备的钨粉进行压制，压制曲线如图 2 − 7 所示。当成型压力较小时，相对密度同成型压力接近线性关系，当成型压力达到一定程度后，相对密度不再随着成型压力的增大而升高，出现一个明显的压制平台，基本达到了理论的极限相对密度。

如图 2-8 所示，在相同压强下，随着硬脂酸含量的增加，相对密度先升高，达到峰值后又降低，即存在一个最佳硬脂酸含量。硬脂酸含量高于这个值，则硬脂酸会占据钨粉间的孔隙，造成压坯相对密度下降；硬脂酸含量低于这个值，则造成润滑效果不足，成型摩擦力较大，也会造成压坯相对密度降低。经过试验，最佳硬脂酸含量为 1.8%，不同硬脂酸含量的压坯相对密度如图 2-7 所示，压坯最高的相对密度高于 71%。

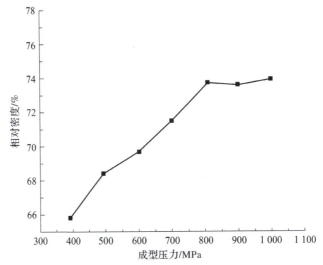

图 2-7   2% 硬脂酸含量的钨粉的压制曲线

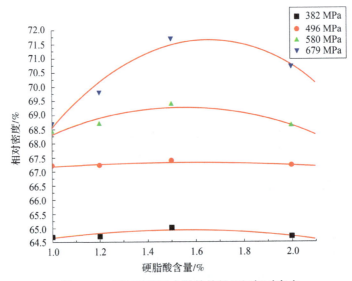

图 2-8   不同硬脂酸含量的钨粉压坯相对密度

综合以上试验结果，确定采用粉末粒度为 45 ~ 75 μm 的钨粉，成型剂为 1.8% 的硬脂酸，采用双向模压成型工艺压制坯体，在 1 600 ℃ 下采用湿氢烧结工艺制备钨骨架。制备好的钨骨架的外观及微观结构如图 2 - 9 所示。

（a）　　　　　　　　　　　　（b）

图 2 - 9　钨骨架的外观及微观结构

（a）钨骨架的外观；（b）钨骨架的微观结构

2.1.5　破片钨骨架预制体表征

采用粉末粒度为 200 μm 的钨粉进行钨骨架预制体的制备，将粒径为 200 ~ 400 μm 的钨颗粒制备成体积分数为 75% 的钨骨架预制体，钨骨架预制体外观如图 2 - 10 所示，钨骨架预制体微观结构如图 2 - 11 所示，钨骨架预制体 EDS 分析如图 2 - 12 所示。

图 2 - 10　钨骨架预制体外观

图 2 − 11　钨骨架预制体微观结构

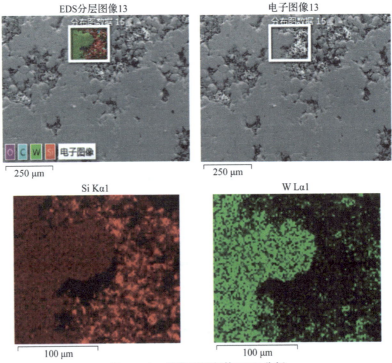

图 2 − 12　钨骨架预制体 EDS 分析

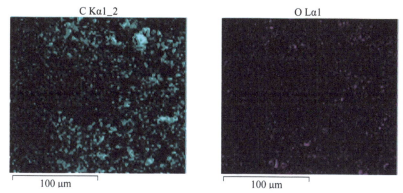

图 2 - 12　钨骨架预制体 EDS 分析（续）

2.2　非晶合金复合材料制备及性能表征

2.2.1　母合金熔体熔炼及浸渗

　　母合金熔体由高纯金属 Zr，Cu，Ni，Al 通过非自耗电弧炉熔炼而成。由于非晶合金组分多、组分间热物性相差较大，所以必须提高原料的纯度，以保证所制备的母合金熔体的性能，要求金属单质的纯度≥99.9%。熔炼在高纯氩气气氛下进行，在熔炼过程中打开电磁搅拌，翻转样品并反复熔炼多次以保证组分均匀。熔炼的母合金熔体如图 2 - 13 所示。

　　在 1 073 K 温度下，采用真空浸渗法使母合金熔体浸渗钨骨架，并在该温度下保温 5 min，以保证母合金熔体完全将钨骨架内部的孔隙充满，确保材料内部不存在空洞缺陷。钨骨架 Zr 基非晶合金复合材料见图 2 - 14 所示。

　　对所制备钨骨架 Zr 基非晶合金复合材料的微观结构进行表征，其两相分布及界面情况如图 2 - 15 所示，非晶合金相与钨相分布均匀，非晶合金将钨骨架内部的孔隙填充完全，不存在空洞缺陷。非晶合金相与钨相结合良好，界面清晰，未发生产生第三相的反应。

图 2 - 13　熔炼的母合金熔体

图 2 - 14　钨骨架 Zr 基非晶合金复合材料

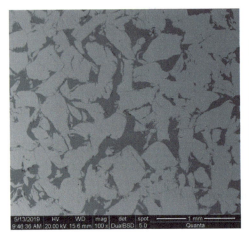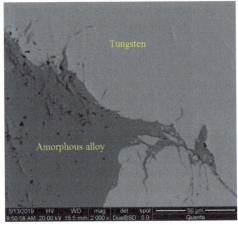

图 2-15 钨骨架 Zr 基非晶合金复合材料的微观结构

2.2.2 复合材料性能表征

2.2.2.1 热力学稳定性及物相结构分析

对钨骨架 Zr 基非晶合金复合材料进行 DSC 分析，如图 2-16 所示，出现了典型的玻璃化转变和晶化放热峰特征，这表明此类材料含有非晶相。图中分别用向下和向上的实心箭头标注了玻璃化转变起始温度 T_g 和晶化起始温度 T_x。从图 2-17 可知，无其他明锐衍射峰出现，仅存在钨单相。

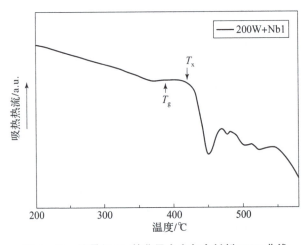

图 2-16 钨骨架 Zr 基非晶合金复合材料 DSC 曲线

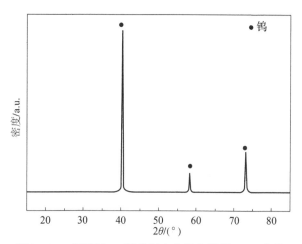

图 2 - 17　钨骨架 Zr 基非晶合金复合材料 XRD 曲线

2.2.2.2　SEM 及能谱分析

钨骨架 Zr 基非晶合金复合材料微观组织形貌如图 2 - 18 所示。

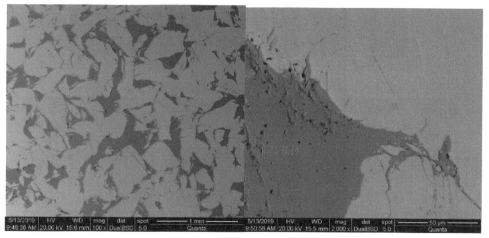

图 2 - 18　钨骨架 Zr 基非晶合金复合材料微观组织形貌

从图 2 - 18 可知，钨骨架 Zr 基非晶合金复合材料由深色的非晶相和浅色的钨相组成，其中深色的非晶相分布于浅色的钨颗粒间隙中，溶体浸渗充分，无明显孔洞，界面清晰完整，非晶相同钨颗粒之间界面结合良好；钨、锆（Zr）元素之间界面清晰，其他几种元素向钨元素界面均匀扩散，并且在交界处没有发生反应。

破片 EDS 分层图像如图 2 - 19 所示。

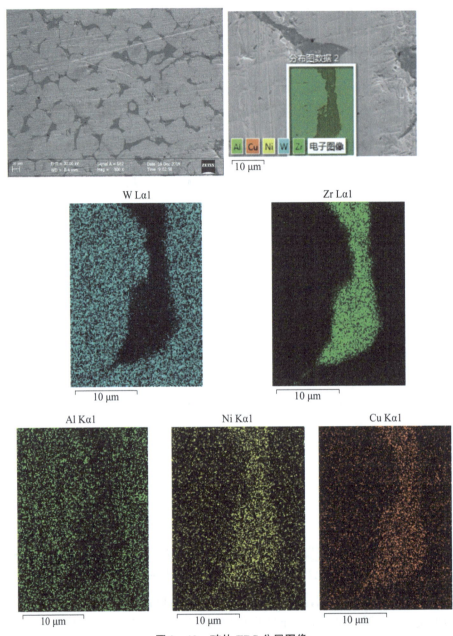

图 2-19 破片 EDS 分层图像

第 **3** 章

复合材料力学性能

3.1　准静态力学性能试验

3.1.1　试验准备

根据 GB/T 314—2005《金属材料室温压缩试验方法》，室温压缩试验所使用的试样长径比必须介于 1 和 3 之间。采用真空浸渗法制备的试样尺寸为 $\phi 3.5$ mm × 6 mm（圆柱状），数量为 15 个。准静态压缩试样 1# ~ 10#试样如图 3 – 1 所示。

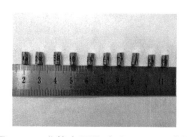

图 3 – 1　准静态压缩试验 1# ~ 10#试样

为了保证试样端面的同轴度，尽可能减小试样端面与试样间摩擦力对试验的影响，使用 400 目和 1 200 目的砂纸对试样进行初步打磨，然后使用 W3.5 金刚石抛光膏（微粉直径为 3.5 μm）在抛光机上对试样上、下端面进行抛光。试样固定装置及抛光机如图 3 – 2 所示。

（a） （b）

图 3 – 2 试样固定装置及抛光机

（a）试样固定装置；（b）抛光机

为了方便对试样的剪切带破坏情况进行分析，选取部分试样在其侧面打磨一个宽为 1.5mm 的小平面，分别使用粗、细砂纸进行初步打磨，并在抛光机上进行抛光。打磨出小平台后的试样如图 3 – 3 所示。

根据 GB/T 314—2005《金属材料室温压缩试验方法》中的相关要求，在万能试验机上进行准静态压缩试验，通过控制位移来控制压缩速率，设置 4 个应变率梯度，观察复合材料在不同应变率下的变形过程，研究应变率对复合材料准静态力学性能的影响。

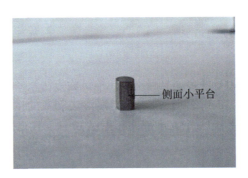

侧面小平台

图 3 – 3 打磨出小平台后的试样

3.1.2 试验结果与分析

金属钨具有良好的塑性，其弹性模量高达 410 GPa，而非晶合金属于脆性材料，其弹性模量较低，两种材料的力学特性具有较大差异。将两种材料进行复合，两种材料在三维空间内均三维连通，可以很好地发挥彼此的优势特性，改善复合材料的脆性，提高复合材料的塑性变形能力，改善复合材料的准静态力学性能。

对钨骨架非晶合金复合材料进行室温准静态压缩试验，应变率为 $4 \times 10^{-4}\,s^{-1}$，其应变 – 应力曲线如图 3 – 4 所示。由应变 – 应力曲线可以看出，复合材料具有与非晶合金完全不同的准静态力学性能。首先进入弹性变形阶段，复合材料的弹性模量较低，仅有 35 GPa，低于钨合金和非晶合金，这主要是由于复合材料两相三维连通的特殊结构。多孔钨骨架具有一定的孔隙率，在复合材料制备过程中，这些孔隙被非晶合金熔液浸渗填充，这种结构为较大的弹性变形提供了基础，使复合材料的弹性模量较低，弹性变形阶段较长。达到屈服极限以后，复合材料进入塑性变形阶段，由于钨骨架具有加工硬化现象，所以复合材料在塑性变形阶段出现明显的加工硬化，应力随着应变的升高不断攀升。应力达到最高值后，由于复合材料内部剪切带的不断萌生扩展，复合材料的应力逐步降低，最终发生断裂。准静态压缩后的试样形态与裂纹如图 3 – 5、图 3 – 6 所示，其断口与轴线的夹角约为 30°，断裂模式为纵向劈裂和 45°断裂的混合模式。

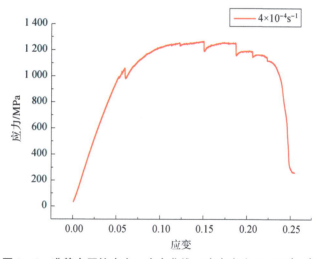

图 3 – 4　准静态压缩应力 – 应变曲线（应变率为 $4 \times 10^{-4}\,s^{-1}$）

图 3 – 5　室温静态压缩后的试样形态

准静态压缩后的试样断面较为粗糙，除断裂过程产生的擦伤部分外，断面上分布着细小的断茬，整体呈现一定的金属光泽，如图 3 – 7 所示。为了进一步对钨骨架非晶合金复合材料的断裂模式进行研究，使用扫描电镜（SEM）对试样的断面形貌进行观察，对其破坏模式进行分析研究。

图 3 – 6   准静态压缩后的试样裂纹   图 3 – 7   准静态压缩后的试样断面

复合材料在应变率为 $4 \times 10^{-4} \, s^{-1}$ 时进行准静态压缩后的断面形貌如图 3 – 8，可以明显地看到，试样的断面呈犬牙交互状，钨颗粒的大小比较均匀，粒度约为数十微米，非晶合金相填充在钨颗粒集合体之间。复合材料的断裂存在多种破坏模式。从区域 1 中可以观察到，多个钨颗粒之间存在细小的裂纹，而钨颗粒的表面则比较光滑，没有出现裂纹，这说明钨相中所发生的主要是钨颗粒的解理断裂，这是复合材料的第一种破坏模式。从区域 2 中可以看到，非晶合金相与钨相之间出现一道狭长的裂纹，一端与非晶合金相中的裂纹交汇。非晶合金相与钨相在界面处出现裂纹，这是复合材料的第二种破坏模式。此外，右侧的钨相表面残留一块非晶合金，可能是非晶合金相与钨相界面发生断裂时，裂纹沿着界面扩展延伸至非晶合金相，使部分非晶合金在试样断裂后附着在钨相表面。由于剪切带的扩展，非晶合金相内部出现了裂纹，如图 3 – 8 中区域 3 所示。

复合材料由于其特殊的结构，其压缩性能与非晶合金有很大的差别。对于非晶合金，可以观察到断面处有熔融状的非晶合金液滴，这是脆性断裂瞬间的断裂能引起的，伴随着脆性断裂的无预兆发生，能听到一声巨响。而复合材料的压缩断裂是一个塑性过程，在压缩过程中，非晶合金在载荷作用下，产生脉状剪切带，如图 3 – 9 （a） 所示。由于钨骨架的作用，剪切带的形成过程相对比较缓慢，避免了应变能的累积。此外，由于钨骨架的存在，非晶合金相形成的剪切带一开始扩展即被阻止。如图 3 – 9 （b） 所示，非晶合金相形成的裂纹被钨相所组织，从而避免了裂纹扩展造成试样的破坏，大大提高了复合材料的强度和韧性。

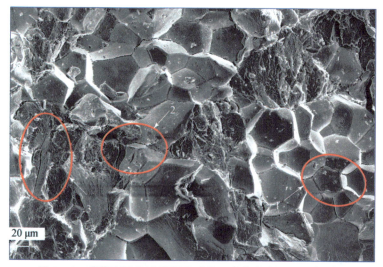

图 3-8　准静态压缩试样断面形貌（应变率为 4×10^{-4} s^{-1}）

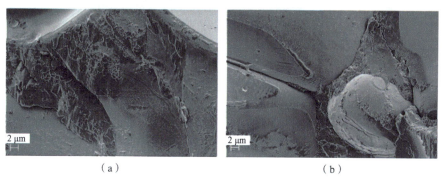

（a）　　　　　　　　　　　　　　　　（b）

图 3-9　复合材料脉状剪切带及非晶合金相裂纹

（a）脉状剪切带；（b）非晶合金相裂纹

　　使用扫描电镜对试样的侧面小平台进行观察，以便进一步分析钨骨架非晶合金复合材料的准静态力学性能。从图 3-10（a）可以观察到，复合材料侧面钨相和非晶合金相分布均匀，钨相呈现偏乳白色，非晶合金相为浅灰色，与未压缩时复合材料表面比较，复合材料纵向被压缩，横向被拉长。在侧面分布着很多裂纹，包括了 3 种破坏模式，在图 3-10（b）左上方区域中可以看到钨相表面有平行的线状条纹，这是压缩过程中产生的剪切带，非晶合金相限制了剪切带的进一步扩展和滑移。图 3-10（c）中钨相与非晶合金相界面处由于应力集中开裂，裂纹扩展入非晶合金相。图 3-10（d）中非晶合金相内部出现裂纹，沿垂直于两相界面的方向延伸进入钨相内部，由于非晶合金相与钨相的截面阻碍了非晶合金相内部剪切带的扩展，延伸进入钨相内的裂纹相较非晶合金相内部的裂纹较窄，并且在开裂数微米后消失。

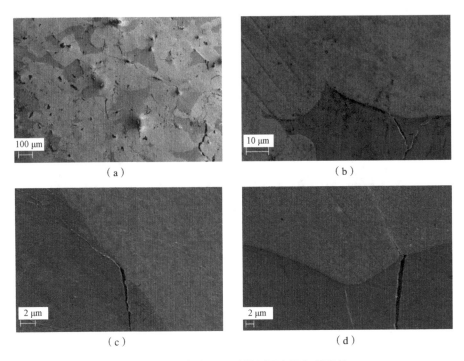

图 3 - 10   准静态压缩试样侧面电镜扫描照片

综上所述，钨骨架非晶合金复合材料的强度及塑性主要基于以下几方面。首先，金属钨属于塑性材料，钨骨架本身承担了一定的塑性变形；在试样所受到载荷不断增大的过程中，由于钨骨架的屈服强度稍低，所以钨骨架先达到屈服极限，并开始出现加工硬化现象。因为钨相与非晶合金相形变不匹配，所以在两者界面上应力集中。随着试样受到载荷的增大，非晶合金相内部出现剪切带，但由于两相界面及钨相的限制，剪切带扩展前段受到一定程度的松弛削弱，非晶合金相剪切带很难扩展，有利于多重剪切带的萌生，从而使复合材料的强度得到了提升。此外，由于钨骨架结构的阻断作用，非晶合金基体受到的应力状况相对复杂，同样有利于多重剪切带的萌生。钨骨架与非晶合金双连续三维连通结构不仅发挥了两相材料各自的优势，而且能够在一定程度上弥补彼此的缺陷，使复合材料的变形更加均匀，有助于提高复合材料的整体塑性。

为了研究应变率对钨骨架非晶合金复合材料室温准静态力学性能的影响规律，选取 4×10^{-4} s^{-1}，1×10^{-3} s^{-1}，4×10^{-3} s^{-1}，1×10^{-2} s^{-1} 4 个应变率进行室温准静态压缩试验。同时，为避免试样内部缺陷造成的数据异常，保证试验数据的可靠性，分别在每种应变率下进行 3 组试验。4 种应变率下复合材料的应变 – 应力曲线如图 3 – 11 所示。

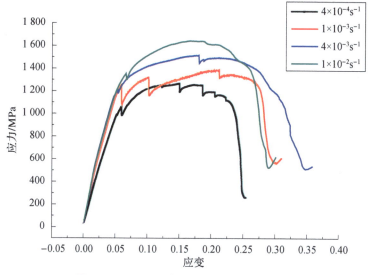

图 3 – 11　不同应变率下的应变 – 应力曲线

从图 3 – 11 可以看出，随着应变率的升高，复合材料的屈服强度明显提高。这是由于试样内部自由体积的跃迁、重排的时间随着应变率的升高而变长，同等变形所需要的应力水平也随之升高。应变率对复合材料的弹性模量和塑性应变则几乎没有影响。同时，由于钨骨架发生加工硬化现象，复合材料在发生屈服之后应力没有下降，而是保持上升趋势，同等的塑性应变需要更高的应力水平，这使得材料的最大压缩强度随着应变率的升高而升高。其弹性模量和塑性应变受应变率的影响较小，未发生明显变化。

3.2　准动态力学性能试验

传统的静态力学试验机多采用液压伺服系统，其应变率通常低于 $1s^{-1}$，不能满足材料在高应变率下力学性能的测试要求。分离式霍普金森压杆（split Hopkinson pressure bars，SHPB）试验装置常用于研究材料在高应变率下的力学性能，其测试的应变率范围较大，可测试材料在 $10^2 \sim 10^4 s^{-1}$ 应变率范围内的准动态压缩力学性能。准动态压缩试验和准静态压缩试验不同，由于应变率的提高，应力波效应（惯性效应）大大增强。

分离式霍普金森杆试验中，通过应力波在杆中的传播情况，对试样的应力 – 位移 – 时间关系进行求解，据此得到试样的动态应变 – 应力曲线。为了避免波传播效应对试样变形分析的影响，要求试样的厚度远小于加载波的宽度，以保证整个受载过程的局部动态平衡状态，同时避免试验过程中应变率与应力波效应的相互干扰。

通过分离式霍普金森杆试验，对钨骨架非晶合金复合材料在 $500\sim2\,500\ \mathrm{s}^{-1}$ 应变率范围内的准动态压缩力学性能进行测试，得到试样的动态应变 – 应力曲线，研究动载荷加载条件下复合材料的准动态压缩力学性能。

3.2.1 试验准备

将制备的钨骨架非晶合金复合材料线切割为短圆柱状，尺寸为 $\phi4.3\ \mathrm{mm}\times3.7\ \mathrm{mm}$，数量为 17 个。使用砂纸及抛光机对试样端面进行处理，减小端面与杆之间的摩擦力以及弥散效应对试验结果的影响。准动态压缩试验 1#~17#试样如图 3 – 12 所示。

图 3 – 12 准动态压缩试验 1#~17#试样

3.2.2 试验原理与方法

分离式霍普金森压杆试验系统主要包括撞击杆（子弹）、整形器、入射杆、透射杆及数据采集处理设备等，如图 3 – 13 所示。首先，通过高压气瓶对气室进行充气，当气压示数达到所需值时，气枪将撞击杆以一定速度推出，撞击杆通过整形器撞击入射杆产生入射波。由于波阻抗系数不匹配，所以当入射波通过试样时，一部分透过试样通过透射杆，最终被缓冲装置吸收，另一部分形成反射波，沿着与入射波相反的路径传播。入射波、透射波及反射波在杆内传播通过应变片时，产生的信号被动态应变仪捕捉，并转化为电压信号，在数字示波器上产生相应的波形，结合一维弹性波理论即可对动态应变 – 应力关系进行求解。

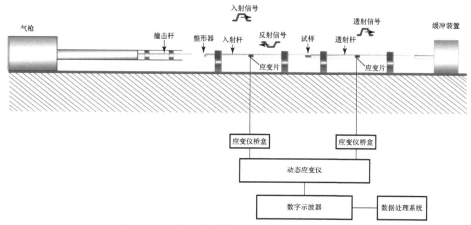

图 3 – 13　分离式霍普金森压杆试验系统示意

如图 3 – 14 所示，试样与入射杆接触处为端面 1，与透射杆接触处为端面 2，两个端面的位移分别为 U_1，U_2，以入射波传播的方向为正方向。根据一维弹性波的线性叠加原则，可得

$$U_1 = c_0 \int_0^t (\varepsilon_i - \varepsilon_r) \mathrm{d}\tau \qquad (3-1)$$

$$U_2 = c_0 \int_0^t \varepsilon_t \mathrm{d}\tau \qquad (3-2)$$

式中，c_0 为杆的弹性波速，入射波、反射波及透射波在杆中独立传播，没有相互叠加时，所产生的应变分别为 ε_i，ε_r，ε_t。

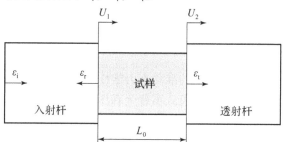

图 3 – 14　碰撞过程应力波传播示意

试样在准动态压缩过程中会发生大的变形，试样的原始横截面积及长度为 A_0，L_0，则试样中的应变为

$$\varepsilon(t) = \frac{U_1 - U_2}{L_0} = \frac{c_0}{L_0} \int (\varepsilon_i - \varepsilon_r - \varepsilon_t) \mathrm{d}\tau \qquad (3-3)$$

对式（3 – 3）求导，即可得到试样的平均应变率：

$$\dot{\varepsilon} = \frac{c_0}{L_0} (\varepsilon_i - \varepsilon_r - \varepsilon_t) \qquad (3-4)$$

端面 1 和端面 2 受到的压力为 F_1，F_2，根据胡克定律可得

$$F_1 = AE(\varepsilon_i + \varepsilon_r) \tag{3-5}$$

$$F_2 = AE\varepsilon_t \tag{3-6}$$

公式中 A，E 分别为入射杆（透射杆）的横截面积和弹性模量，试样中的平均应力为

$$\sigma = \frac{1}{2A_0}(F_1 + F_2) = \frac{AE}{2A_0}(\varepsilon_i + \varepsilon_r + \varepsilon_t) \tag{3-7}$$

试样达到受力平衡时，根据牛顿定律可得

$$F_1 = F_2 \tag{3-8}$$

试样的厚度相对较小，可认为其变形及受力是均匀的，由式（3-5）式（3-6）、式（3-8）可得

$$\varepsilon_i + \varepsilon_r = \varepsilon_t \tag{3-9}$$

将式（3-9）分别代入式（3-3）、式（3-4）、式（3-7）即可得到

$$\sigma = \frac{AE}{A_0}\varepsilon_t \tag{3-10}$$

$$\varepsilon(t) = -\frac{2c_0}{L_0}\int_0^t \varepsilon_r \mathrm{d}\tau \tag{3-11}$$

$$\dot{\varepsilon} = -\frac{2c_0}{L_0}\varepsilon_r \tag{3-12}$$

将式（3-10）、式（3-11）进行联立求解，即可得到材料的动态应变-应力关系，此时的应变率即 $\dot{\varepsilon}$，可由式（3-12）计算得到。

3.2.3 试验过程

为了研究试样在高应变率下的准动态力学性能，使用分离式霍普金森压杆试验系统进行准动态压缩试验。分离式霍普金森压杆及配套测试装置如图 3-15 所示。通过控制充入高压气体的压强来控制撞击杆的速度，从而达到改变动态压缩应变率的目的。为防止撞击过程中试样对杆的端面造成损伤，在试样与入射杆、透射杆之间各放置一枚硬质合金钢质垫片。试样与杆之间的摩擦是影响准动态压缩试验有效性的关键因素。

在试验过程中，摩擦力会引起试样端面的径向应力。为了尽可能减小端面摩擦力所造成的影响，在保证试样端面光洁度的基础上，使用细砂纸对试样端面进行打磨，并使用酒精擦拭干净，然后在垫片与试样的接触面上均匀涂抹一层凡士林。垫片、套筒、医用凡士林等试验器材如图 3-16 所示。

图 3 – 15　分离式霍普金森压杆及配套测试装置

图 3 – 16　垫片、套筒、医用凡士林等试验器材

使用游标卡尺对试样的尺寸进行测量，并进行记录。将垫片与试样卡在入射杆与透射杆之间，试样、垫片与压杆同轴，将试样压紧以防止其掉落，并将套筒套在入射杆、透射杆上。为了收集准动态压缩后的试样，设计制作简易试样回收装置对试样进行回收，如图 3 – 17 所示。

试验准备就绪后，首先打开高压气瓶对气室充气，当达到一定压力后进行释放，撞击杆以一定速度通过整形器与入射杆相撞；由于波阻抗系数的差异，在入射杆、试样与透射杆的碰撞过程中，入射波一部分透过试样形成透彻波，另一部分形成反射波。通过应变片进行测量，由动态应变仪进行转化后，示波器会输出相应波形，如图 3 – 18 所示。通过改变释放时的气压，控制撞击速度，以完成试样在不同应变率下的压缩力学性能测试。

3.2.4　试验结果与分析

根据准动态压缩试验的数据处理方法，对试验获得的时间 – 电压数据进行转化，得到动态应变 – 应力曲线。试验获得的时间 – 电压曲线如图 3 – 19 所示。首先根据电压与应变的对应关系对数据进行转化，然后采用二波法通过式（3 – 10）、式（3 – 11）对数据进行处理，并使用 Origin 软件对得到的动态应变 – 应力数据进行绘制，最终得到的复合材料在不同应变率下的动态应变 – 应力曲线如图 3 – 20 所示。

图 3 - 17 简易试样回收装置

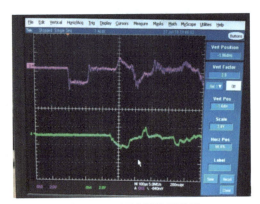

图 3 - 18 示波器输出波形

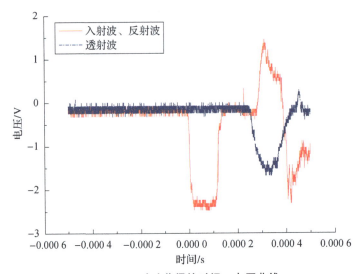

图 3 - 19 试验获得的时间 - 电压曲线

从图 3 - 20 可以看出，在准动态压缩的前期，材料的应变 - 应力曲线斜率较大，材料表现出的刚度较大，这可能是由于钨骨架刚度较大，而非晶合金的刚度较小，碰撞初期载荷主要由钨骨架承担，非晶合金未能及时发生变形以适应应力的快速增长。随着应变的增大，两相材料变形更加均匀，应变 - 应力曲线逐渐趋缓。当压缩强度达到最高值后，由于材料具有较好的塑性，所以应变 - 应力曲线缓慢下降，试样内部剪切带大量出现，最终导致试样失效。试样的压缩强度最高达到 1 916 MPa，塑性应变超过 12% 。

对不同应变率下的应变 - 应力曲线进行对比分析，随着应变率的升高，复合材料的强度呈现出明显的升高趋势，而复合材料的塑性变形随应变率的变化不明

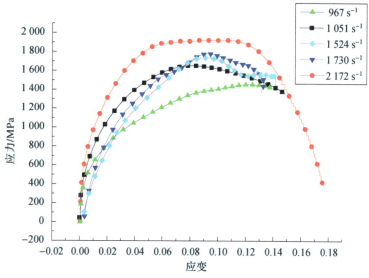

图 3 - 20　复合材料在不同应变率下的动态应变 - 应力曲线

显。这主要是由于随着应变率的升高，材料所受应力急速升高，使复合材料内钨骨架的硬化效果增强，从而导致材料整体的强度升高。

图 3 - 21 所示为准动态压缩后的试样，从中不难发现，在准动态压缩条件下，复合材料的断面并非呈现一个平面，而是在两个方向上发生了断裂（纵向断裂且与试样轴线呈 45°的平面）。从未断裂的试样表面也可以看到一条明显的纵向裂纹，裂纹中部与一条倾斜的裂纹相交，裂纹的形态与断面结果一致。在准动态压缩条件下，复合材料的失效断裂是由横向的拉应力和内部剪切带扩展滑移共同引起的，与在准静态压缩条件下的情况类似。不同的是，在准静态压缩中，由于端面摩擦力的约束，试样沿着与轴线呈 30°夹角的方向出现裂纹。

图 3 - 21　准动态压缩后的试样

通过以上对钨骨架非晶合金复合材料在室温下准静态、准动态力学性能及高速冲击力学性能的试验研究，得出以下结论。

（1）钨骨架非晶合金复合材料具有较好的准静态力学性能，在室温条件下，压溃强度达到 1 786 MPa，塑性变形达到 23%。随着应变率的升高，复合材料冷作硬化现象更加明显，屈服强度与压溃强度随之升高，弹性模量及塑性应变与应变率的相关性较小。对复合材料压缩断面进行分析，发现复合材料的断面存在 3 种破坏模式，分别是钨相/钨相界面解理断裂、非晶合金相/钨相界面开裂及非晶合金相内部剪切带扩展破坏。

（2）使用分离式霍普金森压杆对材料的动态力学性能进行了测试，从试验结果来看，复合材料的准动态压缩强度高于准静态压缩强度，试样在压缩初期的刚度较大，随着应变率的升高，复合材料的强度明显升高。复合材料的动态压缩强度随着应变率的升高而升高，塑性应变受应变率的影响较小，动态压缩强度达到 1 916 MPa，压缩应变为 12%。撞击后的试样破坏模式为纵向开裂与塑性断裂混合形式，在断裂过程中，横向的拉应力加剧复合材料内部剪切带扩展，从而导致复合材料断裂。

3.3　磁驱动准等熵压缩试验

3.3.1　试验原理与方法

磁驱动准等熵压缩试验是在小型脉冲功率装置 CQ - 4 中完成的。CQ - 4（图 3 - 22）是由中国工程物理研究院流体物理研究所研制的小型脉冲功率装置，其可用于斜波加载下的材料动力学特性研究，也可用于超高速飞片发射和材料冲击压缩等研究，试验不确定度低于 2%。该装置在充电 75 ~ 85 kV 的短路放电情况下，电流峰值可以达到 3 ~ 4 mA，电流上升前沿在 470 ~ 600 ns 范围内（图 3 - 23）。

CQ - 4 负载区示意如图 3 - 24 所示，正、负电极板之间采用绝缘膜绝缘，正、负电极末端通过短路构成电流回路。CQ - 4 短路放电产生的强电流从两个平行的正、负电极板的内表面流过（趋肤效应），电极板上流过的电流与另一电极板上电流产生的磁场相互作用，在电极板内表面（加载面）产生大小与电流密度平方成正比的磁压力。随着放电电流逐渐增大，在电极板内表面形成一个压力平滑上升的压缩波向试样方向传播。

在一发试验中可实现多个试样同时测量，采用优化设计后的电极负载构型，在负载区电极板加载面磁压力的不均匀性 <1%。磁驱动准等熵压缩试验布局如图 3 - 25 所示，图 3 - 26 所示为试验负载区照片。在上、下电极板上安装不同厚度的试样，通过测量台阶靶样品的速度历史，经过数据处理能够获得复合材料的

图 3 - 22　CQ - 4

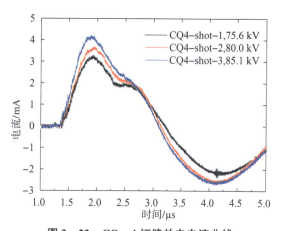

图 3 - 23　CQ - 4 短路放电电流曲线

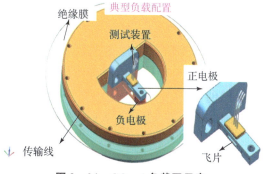

图 3 - 24　CQ - 4 负载区示意

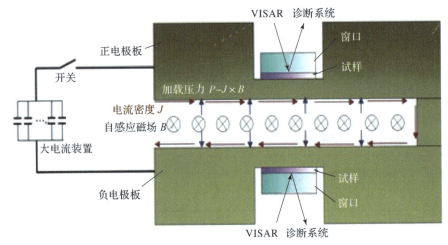

图 3-25 磁驱动准等熵压缩试验布局示意

图 3-26 试验负载区照片

准等熵压缩线。在试验过程中,采用任意反射面速度干涉仪(VIASR)对试样/窗口界面进行速度测量。

3.3.2 试验准备

试验所采用复合材料的密度为 14.286 g/cm³,试验对试样加工精度要求较高,先对试样进行线切割,然后对试样进行表面处理,以确保试验结果的可靠性及精确性。

为了减小试验误差,共进行两组试验,第一组试验使用 4 个厚度不同的试样,第二组试验使用 2 个试样,充电电压分别为 70 kV 和 65 kV,正、负电极材料均选用导电性能优良的无氧高导电性铜材料（OFHC），试样规格及相关试验参数如表 3-1 所示。

表 3-1　试样规格及相关试验参数

试验编号	充电电压 /kV	电极材料	电极尺寸 /(mm×mm×mm)	样品尺寸 /(mm×mm)
CQ4 - shot - 762	70	无氧铜（正极）	36×8×1	φ8×1.489
				φ8×1.464
		无氧铜（负极）	36×8×1	φ8×2.008
				φ8×1.826
CQ4 - shot - 765	65	无氧铜（正极）	15×5×0.8	φ5×1.440
		无氧铜（负极）	15×5×0.8	φ5×1.984

3.3.3　试验结果与分析

图 3-27 所示为在试验过程中采集到的试样表面速度频谱图，从中能看出试验前期信噪比较高，但后期试样碎裂等原因造成速度频带展宽，据此推测试样有

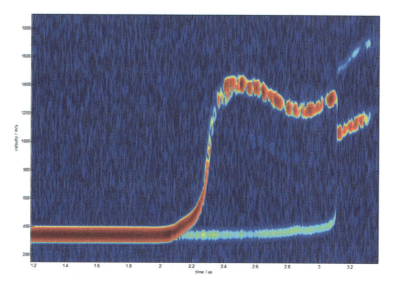

图 3-27　试样表面速度频谱图

空隙或偏脆。钨骨架非晶合金复合材料具有较好的塑性，这说明试验后期速度频带展宽是复合材料的骨架多孔结构所致。

CQ4 – shot – 762 及 CQ4 – shot – 765 试样的时间 – 速度曲线如图 3 – 28、图 3 – 29 所示。

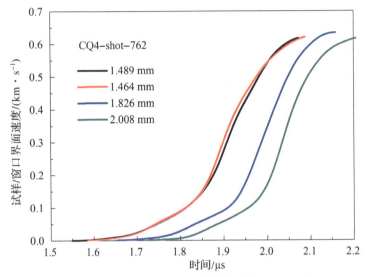

图 3 – 28　CQ4 – shot – 762 试样的时间 – 速度曲线

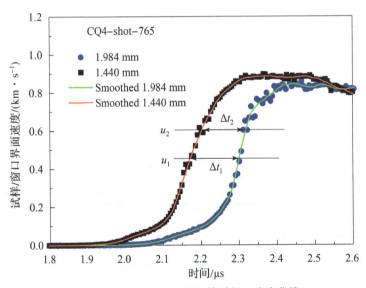

图 3 – 29　CQ4 – shot – 765 的时间 – 速度曲线

对数据曲线进行处理，在两条曲线上的同一速度 u_1 上分别取两点，其时间差为 Δt_1；依照此法在速度 u_2 上取两点，时间差为 Δt_2。试样的厚度差为 Δh，由于试样的厚度不同，所以质点达到同一速度时存在时间差。试验研究表明，对于大部分复合材料，其冲击波波速 D 与波后质点速度 u 的关系为

$$D = c_0 + su \tag{3-13}$$

根据试验过程中冲击波波速与质点速度的关系可得

$$D_1 = \frac{\Delta h}{\Delta t_1} \tag{3-14}$$

$$D_2 = \frac{\Delta h}{\Delta t_2} \tag{3-15}$$

式中，c_0 为零压下的体声速（km/s）；s 为材料常数。可根据得到的 D，u 值，对曲线进行拟合求解。为了保证求解的精度，在图 3-28 中，两两曲线可得到一组 D，u 值。根据得到的 D，u 值，最终得到复合材料的 $D-u$ 方程为

$$D = 3.417 + 1.732u \tag{3-16}$$

在冲击波压缩过程中，存在以下关系：

$$P = \rho_0 D u \tag{3-17}$$

$$\rho_0 (D - u_0) = \rho (D - u) \tag{3-18}$$

$$\frac{\rho}{\rho_0} = \frac{V_0}{V} \tag{3-19}$$

式中，P 为材料的压力；材料密度 ρ 与比容 V 的关系为 $V = 1/\rho$；下标 0 表示波前状态。未受冲击波扰动时 $u_0 = 0$，则

$$\rho_0 D = \rho (D - u) \tag{3-20}$$

由式（3-20）可得到式（3-21），将式（3-21）代入式（3-17）可得式（3-22），从而得到 $P-V$ 关系式 [式（3-23）]。

$$u = D \frac{\rho - \rho_0}{\rho} \tag{3-21}$$

$$\frac{P}{1 - \frac{\rho_0}{\rho}} = \rho_0 D^2 \tag{3-22}$$

$$\frac{P}{V - V_0} = -\rho_0{}^2 D^2 \tag{3-23}$$

依据相关公式对试验数据进行处理，即可得到 $P-V/V_0$ 曲线，如图 3-30 所示。

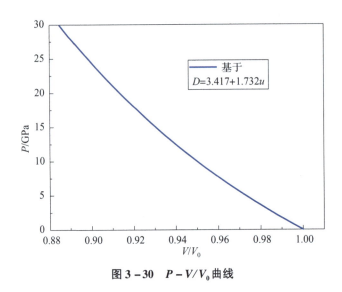

图 3-30 $P-V/V_0$ 曲线

3.4 复合材料分析表征及力学性能研究

非晶合金具有优异的力学性能，如高强度、高硬度、高弹性极限、高断裂韧性等，然而，在室温下，非晶合金的塑性变形通常高度局域化，表现为剪切带形式，即有限宽度（通常认为 10~20 nm）的几条剪切带容纳了非晶合金在加载过程中产生的大部分变形。大量塑性变形集中于剪切带中，使剪切带内材料发生软化，非晶合金更易于在剪切带处发生破坏。非晶合金的室温塑性变形机制使其虽然在局域的范围内可以承受相对很大的变形量，但是宏观而言其表现出的塑性变形却十分有限。例如，均质非晶合金在室温压缩条件下的塑性变形不超过 2%，在拉伸条件下塑性变形则几乎为零。非晶合金的这种无预警式破坏方式使其高强度、高断裂韧性等优异的力学性能在使用过程中无法体现，极大地限制了它作为结构材料的实际应用。

借鉴在晶态材料中引入第二相强韧化理念，通过部分晶化、原位析出的方法制备含有纳米晶或韧性枝晶相的非晶合金复合材料，或者直接向非晶合金中加入第二相颗粒、纤维或骨架开发各种非晶合金复合材料，从而提高非晶合金的室温宏观塑性。

其中液态浸渗铸造法被认为是最理想和最成功的方法，但采用液态浸渗铸造法对增强相有一定的要求：①第二相具有足够高的稳定性，能够在基体合金熔点以上 100~200 K 不熔化或不溶解，不反应或发生少量溶解，不足以影响基体合金的非晶形成能力；②第二相与基体有良好的界面结合。满足以上两个条件的增强相多为陶瓷颗粒和高熔点金属。陶瓷颗粒是典型的高强度、高硬度、易脆相，在变形过程中能够阻碍剪切带的快速扩展，使剪切带转向，但是由于其本身不能承受变形，故对复合材料的塑性改善有限。高熔点金属如 Ta，Nb，W 等拥有较多的滑移系，具有良好的塑性变形能力，且由于其低屈服强度、高弹性模量等特点，在加载过程中能够有效地诱发多重剪切带、捕捉剪切带扩展等，对复合材料的强韧性改善较为明显。

国内和国外的多个研究组都采用液态浸渗铸造法制备出了钨纤维增强的 Zr 基非晶合金复合材料。试验表明，该复合材料的压缩塑性确实得到了大大地提高。但是，由于钨丝具有各向异性，这使钨纤维增强的 Zr 基非晶合金复合材料也具有各向异性。采用一定孔隙率的三维连通网络状结构钨骨架与非晶合金复合，两相在三维相互连通，均匀分布，起到互相强化增韧的作用，且各向同性。

3.4.1　骨架增强双连续相复合材料的室温压缩性能

以液态浸渗铸造法制备金属 W/ZrTiNiCuBe 非晶合金双连续相复合材料，在日本岛津 AG – I500KN 电子拉伸试验机上进行室温压缩试验，应变率为 $4 \times 10^{-4} \, s^{-1}$。室温压缩试验采用 $\phi 5 \, mm \times 10 \, mm$ 的圆柱试样，采用专用夹具用 1 200 目砂纸将试样的两个端面磨平并保证其相互平行，将部分试样侧面磨出一个 2 mm 的小平台，最后将端面抛光，以方便以后通过扫描电镜观察剪切带以及破坏情况。试样的剪切带演化过程的研究分为两个步骤：先将试样加载到屈服后、塑性变形（10% 和 23%）和破坏后等不同阶段，然后利用扫描电镜观察不同阶段的试样表面，获得剪切带信息。在 MTS810 万能材料试验机上进行室温拉伸试验，试样规格为国标 M6 拉伸试样，应变率为 $1 \times 10^{-4} \, s^{-1}$。

分别对 ZrTiNiCuB 非晶合金、钨棒、钨骨架和金属 W/ZrTiNiCuBe 非晶合金双连续相复合材料进行室温准静态压缩试验，应变率均为 $4 \times 10^{-4} \, s^{-1}$，各自的应变 – 应力曲线如图 3 – 31 所示，力学性能数据如表 3 – 2 所示。

从图 3 – 31 可以看出，ZrTiNiCuBe 非晶合金大约在 1.92 GPa 发生屈服，随即发生断裂，几乎没有塑性变形。钨骨架的屈服强度和断裂强度都很低，分别只有 0.56 GPa 和 1.38 GPa，塑性应变却很大，达到了 41%。金属 W/ZrTiNiCuBe 非晶合金双连续相复合材料却表现出完全不同的力学行为。从压缩曲线来看，复合材料试样首先经历了一个弹性变形阶段，达到屈服点以后，进入塑性变形阶段。复合材料表现出比较明显的应变强化效应，随着应变的增大，复合材料强度逐渐提高。此外，复合材料在室温下被压缩时，试样没有发生突然断裂的现象，

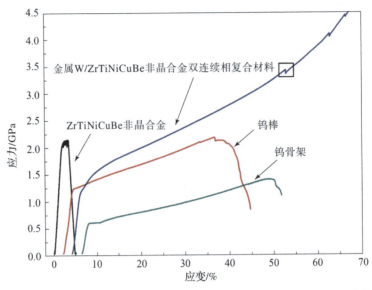

图 3 – 31 ZrTiNiCuBe 非晶合金、钨棒、钨骨架和金属 W/ZrTiNiCuBe 非晶合金
双连续相复合材料室温准静态压缩试验应变 – 应力曲线

而是一直被压成鼓形也没有完全破碎，在复合材料应变 – 应力曲线上表现为一直
上升的状态。在应力达到 3.4 GPa 左右时，应变 – 应力曲线上出现了一个应力微
小下降的点（如图中矩形区域所示），这代表着一个裂纹的产生。把该值作为复
合材料的断裂强度。从图 3 – 31 可见，与 ZrTiNiCuBe 非晶合金相比，该复合材料
的断裂应力和塑性应变得到了大大的提高，分别高达 3.42 GPa 和 46.7%。从上
面的结果可以看出，金属 W/ZrTiNiCuBe 非晶合金双连续相复合材料的室温压缩
力学性能明显优于其他 Zr 基非晶合金基复合材料。

表 3 – 2 ZrTiNiCuBe 非晶合金、钨棒、钨骨架和金属 W/ZrTiNiCuBe
非晶合金双连续相复合材料室温压缩力学性能数据

材料	σ_y/GPa	σ_f/GPa	ε_p/%
ZrTiNiCuBe 非晶合金	1.92	2.11	0
金属 W/ZrTiNiCuBe 非晶合金双连续相复合材料	1.10	3.42	46.7
钨骨架	0.56	1.38	41
钨棒	1.16	2.16	32

表中：σ_y——屈服强度；σ_f——断裂强度；ε_p——塑性应变。

　　通过以上分析可以看出，ZrTiNiCuBe 非晶合金与钨骨架制成双连续相复合材料后，ZrTiNiCuBe 非晶合金和 W 骨架各自的优点都得到了充分的发挥，复合材料综合了两者的优势，ZrTiNiCuBe 非晶合金的高强度对复合材料的高强度贡献大，而钨骨架的高塑性对复合材料的高塑性贡献大。

3.4.2　双连续相复合材料的断裂特征及断面形貌

　　利用扫描电镜分别观察试样的侧面和断面。图 3 – 32 所示为 ZrTiNiCuBe 非晶合金和金属 W/ZrTiNiCuBe 非晶合金双连续相复合材料被压断之后的侧面形貌。

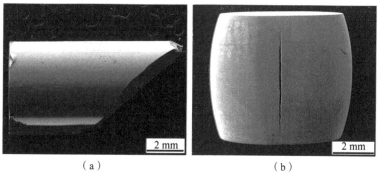

（a）　　　　　　　　　　　　　　　（b）

图 3 – 32　ZrTiNiCuBe 非晶合金和金属 W/ZrTiNiCuBe
非晶合金双连续相复合材料被压断之后的侧面形貌

（a）ZrTiNiCuBe 非晶合金；（b）金属 W/ZrTiNiCuBe 非晶合金双连续相复合材料

　　从图 3 – 32（a）可以看出，ZrTiNiCuBe 非晶合金发生典型的宏观脆性断裂，试样沿与压缩轴大约成 45°角方向的主剪切带突然断裂。从图 3 – 32（b）可以看出，金属 W/ZrTiNiCuBe 非晶合金双连续相复合材料在侧面出现平行于压缩轴方向的竖向裂纹，断裂方式与大多数非晶合金复合材料剪切断裂的方式有所不同。

　　采用扫描电镜观察 ZrTiNiCuBe 非晶合金和金属 W/ZrTiNiCuBe 非晶合金双连续相复合材料室温压缩断面形貌以及室温拉伸的断面形貌，如图 3 – 33 所示。

　　从图 3 – 33（a）可以看出，ZrTiNiCuBe 非晶合金断面呈现典型的"脉纹"花样。"脉纹"花样反映了 ZrTiNiCuBe 非晶合金在发生断裂破坏的过程中，内部产生的局域黏滞流变行为。对于 ZrTiNiCuBe 非晶合金而言，在承受压缩载荷而产生塑性变形的过程中，伴随着屈服现象的发生，试样局部产生高度局域化的剪切带，在剪切带内，高达 1.9GPa 应力的塑性变形所产生的能量以热的形式瞬间释放，使剪切带内的局部黏度发生显著降低，材料的局部产生软化，从而断面产生典型的"脉纹"花样。图 3 – 33（a）是更高倍数下的电镜扫描照片，可以更清楚地看到"脉纹"花样的形貌。"脉纹"花样由一侧流向另一侧，表现出一定

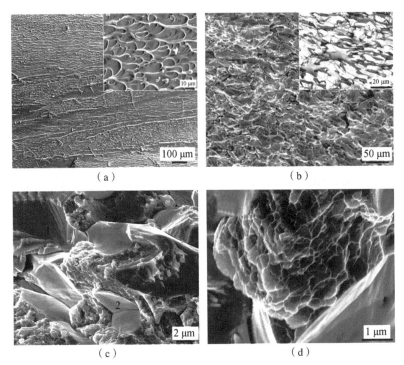

图3-33 ZrTiNiCuBe非晶合金和金属 W/ZrTiNiCuBe
非晶合金双连续相复合材料室温压缩断面形貌

（a）ZrTiNiCuBe非晶合金；（b）~（d）金属 W/ZrTiNiCuBe 非晶合金双连续相复合材料室温压缩断面形貌

的方向性，这是由于试样剪切带内部的物质是在剪切力作用下相对滑动后形成的。此外，在断面表面亦观察到熔融状液滴。这是因为材料在剪切断裂过程中，剪切带内储存较大的应变能，在断裂瞬间应变能释放造成剪切带内材料局部熔化而产生熔融状液滴。ZrTiNiCuBe 非晶合金试样在室温压缩时表现出宏观脆性断裂，与其压缩曲线一致。

金属 W/ZrTiNiCuBe 非晶合金双连续相复合材料破坏后，断面形貌则完全不同。从图3-33（b）可以看到金属 W/ZrTiNiCuBe 非晶合金双连续相复合材料的断面高低不平，呈犬牙交错状。通过背散射形貌可以清楚地看到，由于剧烈的变形，钨骨架和非晶合金都沿受力方向被拉长。图3-33（c）所示是更高倍数下的断面形貌，可以看到断面主要由3种形貌构成，在图中分别用1，2，3标出。1号区域是钨骨架中的钨颗粒自身劈裂形成的形貌，在钨颗粒的断裂面上出现了明显的解理台阶，说明钨颗粒的断裂是一种脆性的穿晶解理断裂；2号区域是钨颗粒之间沿界面断裂后的形貌，钨颗粒保持完整的形态，表面比较光滑；3号区域是钨骨架孔隙中的 ZrTiNiCuBe 非晶合金断裂后的形貌。可以看到钨骨架的孔隙变小了，ZrTiNiCuBe 非晶合金有被挤压过的痕迹。图 3 – 33（d）是 3 号区域的放大图，可以清楚地看到，ZrTiNiCuBe 非晶合金的断面上没有观察到典型的脉状纹络形貌，而是尺度在纳米级别的多个小韧窝构成的断面特征。在金属 W/ZrTiNiCuBe 非晶合金双连续相复合材料断面上没有观察到在 ZrTiNiCuBe 非晶合金断面上出现的熔融状液滴。这是因为这些熔融状液滴是断裂瞬间应变能释放造成的，而金属 W/ZrTiNiCuBe 非晶合金双连续相复合材料的断裂过程并不是瞬间发生的。在金属 W/ZrTiNiCuBe 非晶合金双连续相复合材料压缩过程中，没有听到在压缩 ZrTiNiCuBe 非晶合金时出现的脆性断裂声响。这说明金属 W/ZrTiNiCuBe 非晶合金双连续相复合材料的裂纹扩展是一个相对缓慢的过程，它是由一些微裂纹聚集长大形成的，这些微裂纹在聚集长大的同时释放了一部分应变能，因此在金属 W/ZrTiNiCuBe 非晶合金双连续相复合材料破坏瞬间，断面上的温升达不到形成熔融状液滴的温度。绝热剪切理论认为，非晶合金在变形过程中，剪切带内发生了绝热温升，黏度较其他未变形区域下降了好几个数量级，从而导致非均匀塑性变形，进而出现破坏。通过上面的分析可以看出，金属 W/ZrTiNiCuBe 非晶合金双连续相复合材料能够有效避免非晶合金的热软化，显著提高了材料的整体强度。

图 3 – 34（a）所示为金属 W/ZrTiNiCuBe 非晶合金双连续相复合材料室温拉伸断面的宏观形貌。

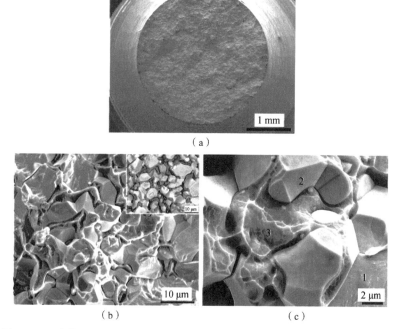

图 3 – 34　金属 W/ZrTiNiCuBe 非晶合金双连续相复合材料室温拉伸断面形貌

可以看到，金属 W/ZrTiNiCuBe 非晶合金双连续相复合材料在拉伸时的断裂方式为正断，而大多数非晶合金在拉伸时表现为剪切断裂，断裂角一般为 50°~56°。本书认为金属 W/ZrTiNiCuBe 非晶合金双连续相复合材料拉伸时的正断方式主要是由钨骨架主导的。从图 3-34（b）可以看出，金属 W/ZrTiNiCuBe 非晶合金双连续相复合材料大多在钨颗粒的结合面处断裂。在图 3-34（c）中能更清楚地看到这一点。与室温压缩断面类似，在拉伸断面上也存在 3 个特征区域，分别对应钨颗粒的解理面、钨颗粒的结合面以及非晶合金的韧窝断面。室温拉伸断面与压缩断面表现出基本相同的断裂形貌，这说明在断裂时它们的受力状态基本上是一致的，进一步证明了金属 W/ZrTiNiCuBe 非晶合金双连续相复合材料在室温压缩时的裂纹扩展是由侧向张力主导的。

图 3-35 所示为用场发射扫描电镜观察到的金属 W/ZrTiNiCuBe 非晶合金双连续相复合材料未变形和室温压缩变形后的侧面形貌。

图 3-35（a）所示为金属 W/ZrTiNiCuBe 非晶合金双连续相复合材料室温压缩之前的侧面形貌。由图可以看到，钨骨架和 ZrTiNiCuBe 非晶合金两相均匀分布，钨骨架的孔隙大小为 5~20 μm，两相界面结合良好，不存在明显的化学反应层。图 3-35（b）所示为金属 W/ZrTiNiCuBe 非晶合金双连续相复合材料室温压缩变形后出现竖向裂纹的试样，反映了侧面整体的形貌。能明显看出钨骨架和 ZrTiNiCuBe 非晶合金都发生了严重的塑性变形，在压缩轴方向上被压扁。暴露在表面的钨骨架由于发生了剧烈的变形而变得凹凸不平、高低起伏。进一步放大侧面形貌，从图 3-35（c）可以看到，在钨骨架上分布着大量平行的滑移带，在 ZrTiNiCuBe 非晶合金中也分布着丰富的剪切带，这些滑移带和剪切带基本相互垂直，分布在与压缩轴约成 ±45° 的最高切应力方向上。另外，在 ZrTiNiCuBe 非晶合金中可以观察到不少微裂纹，它们也是相互垂直的，与压缩轴约成 ±45° 角，这些微裂纹是 ZrTiNiCuBe 非晶合金中剪切带的扩展造成的。这些微裂纹并没有像纯非晶合金压缩变形时那样迅速扩展开，最终造成复合材料的突然破坏，而是被钨骨架有效地阻止了，微裂纹被局限在一个很小的区域内，不能贯穿整个试样，不会引起复合材料的突然破坏，而复合材料的最终破坏也不是这些微裂纹引起的。如前所述，复合材料并不是沿着最高切应力方向剪切断裂的，而是沿着平行于压缩轴的方向出现了纵向裂纹，最终造成复合材料的破坏。这个裂纹主要是由周向张力引起的。

图 3-35（d）是图 3-35（c）的局部放大照片，从中能更清楚地看到 ZrTiNiCuBe 非晶合金内的一条微裂纹被钨骨架阻止，停止了扩展，钨骨架发生明显的塑性变形，在界面处的钨骨架内分布着大量的滑移带以吸收裂纹不稳定扩展带来的能量变化，从而阻止了剪切带的不稳定扩展所导致的脆性断裂。原先集中于一条剪切带内的剪切变形量被分布到不同的方向上，变形的不均匀性大大降低。

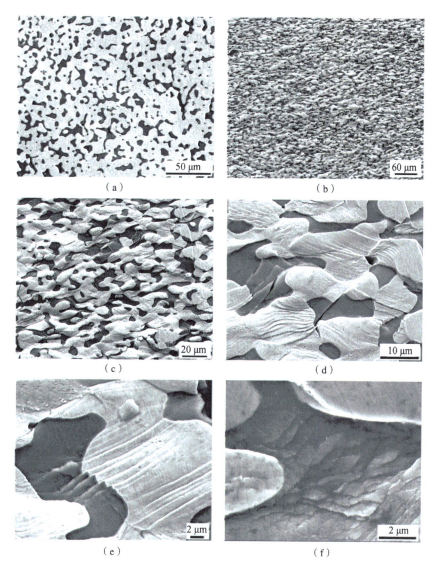

图 3 - 35　金属 W/ZrTiNiCuBe 非晶合金双连续相复合材料
未变形和室温压缩变形后的侧面形貌

　　在金属 W/ZrTiNiCuBe 非晶合金双连续相复合材料中，钨骨架具有空间三维结构，孔隙大小为 5～20 μm。ZrTiNiCuBe 非晶合金填充到钨骨架的孔隙中后，可以看成钨骨架把 ZrTiNiCuBe 非晶合金分割成若干小尺寸试样，通过钨骨架连通起来。当复合材料变形时，这些 ZrTiNiCuBe 非晶合金小尺寸试样的变形被钨骨架约束，从而约束了非晶合金中剪切带的继续扩展，使更多的剪切带被局限在被分割的微小区域内扩展，这样众多的短剪切带可以更好地协调塑性变形，从而提高复合材料的整体塑性。此时，在外力的驱使下，非晶合金为了继续变形，只能从别的地方萌生新的剪切带，从而形成多重剪切带并出现超大压缩塑性。同时，非晶合金四周受到两相界面处的应力作用，受力状态变得很复杂。当非晶合金在外加约束的条件下变形时，可以产生大量丰富的剪切带，具有很强的塑性变形能力。同时，临界剪切台阶是表征金属玻璃剪切变形能力的重要参数之一。由于 Zr 基非晶合金的临界剪切台阶一般在 20 μm 左右，而复合材料把 ZrTiNiCuBe 非晶合金分割成了 5 ~ 20 μm 不等的很多小试样，这些小试样的尺寸小于临界剪切台阶，非晶合金中的剪切变形可以稳定地进行，并表现出良好的整体塑性。

综上所述，钨骨架对非晶合金塑性的改善主要体现在三个方面。①钨本身为一种塑性相。在加载过程中，它将承担一部分塑性变形。②具有较低屈服应力的钨骨架在复合材料受压过程中将先于非晶合金在较低的应力水平发生塑性变形，而此时非晶合金仍然保持弹性变形。这种变形机制的不匹配将导致在金属 W/ZrTiNiCuBe 非晶合金双连续相复合材料界面处产生应力集中。这种应力集中促进非晶合金中剪切带的萌生。由于钨骨架是一种韧性材料且具有较高的断裂应力，它可以通过自身的变形，松弛剪切带扩展前端的应力，阻碍剪切带的快速扩展，这就需要消耗更多的能量，这也利于复合材料塑性的提高。多重剪切带的萌生以及剪切带不能快速扩展是非晶合金塑性改善的保证。③钨骨架特殊的空间结构使非晶合金的变形被约束在极小的区域内，受力状态复杂，也有利于多重剪切带的萌生。此外，非晶合金和钨骨架良好的界面结合使非晶合金内的变形被有效地传递到钨骨架中，大大降低了变形的不均匀性，有利于复合材料塑性的提高。

3.4.3 双连续相复合材料在不同应变率下的力学性能

为了研究应变率对金属 W/ZrTiNiCuBe 非晶合金双连续相复合材料室温力学性能的影响，分别选择在 4×10^{-4} s^{-1}，4×10^{-3} s^{-1}，4×10^{-2} s^{-1} 以及 2×10^{-1} s^{-1} 这 4 个应变率下进行室温压缩试验，其应变 – 应力曲线如图 3 – 36 所示。

由图 3 – 36 可见，复合材料的屈服强度随着应变率的提高而明显提高。这主要是因为随着应变率的提高，自由体积的跃迁与重排需要更多时间和更高的应力水平，因此表现为更高的屈服强度。在 4 个应变率下变形时，复合材料均没有完全破坏，都是在侧面出现几条纵向裂纹。当应变率很高时，应力的微小下降来不及捕捉，在应变 – 应力曲线上不能直观地反映出来，因此复合材料断裂强度和塑性应变随应变率的变化不好比较。

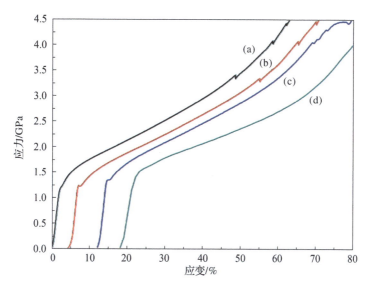

图 3 – 36 金属 W/ZrTiNiCuBe 非晶合金双连续相复合材料在
不同应变率下的室温压缩应变 – 应力曲线

(a) $4 \times 10^{-4}\ s^{-1}$; (b) $4 \times 10^{-3}\ s^{-1}$; (c) $4 \times 10^{-2}\ s^{-1}$; (d) $2 \times 10^{-1}\ s^{-1}$

金属 W/ZrTiNiCuBe 非晶合金双连续相复合材料以 $4 \times 10^{-3}\ s^{-1}$ 的应变率压缩后试样的侧表面形貌如图 3 – 37 所示。

从图 3 – 37（a）可见，复合材料由于发生了剧烈的塑性变形，侧面变得凹凸不平、高低起伏，在钨骨架与非晶合金基体中分别分布着大量的滑移带和剪切带。从图 3 – 37（b）可见，非晶合金中的裂纹扩展被限制在钨骨架的孔隙内。这些都与应变率为 $4 \times 10^{-4}\ s^{-1}$ 的试样侧面形貌类似。不同的是，在较高的应变率下变形时，由于变形较快，钨骨架的变形更为明显、更为剧烈，在钨颗粒的表面分布着一些细小的钨碎屑，这是在变形过程中从钨颗粒表面脱落下来的，并且这个现象遍布整个侧面。此外，在以较高速率变形时，不仅在非晶合金内出现微裂纹，在钨骨架上也分布着一些微裂纹，但是这些微裂纹并没有扩展，而是被界面有效地阻止了，如图 3 – 37（c）所示。因此，在以较高速率变形时，复合材料依然表现出良好的塑性变形能力。

通过研究金属 W/ZrTiNiCuBe 非晶合金双连续相复合材料的室温压缩性能、断裂特征，详细分析了钨骨架与剪切带的相互作用，得到以下主要结论。

（1）用液态浸渗铸造法成功制备金属 W/ZrTiNiCuBe 非晶合金双连续相复合材料。该复合材料在室温准静态压缩条件下具有优异的力学性能，断裂强度达到 3.42 GPa，塑性应变更是高达 46.7%。随着变形量的增大，压缩试样逐渐由圆柱形变成鼓形。

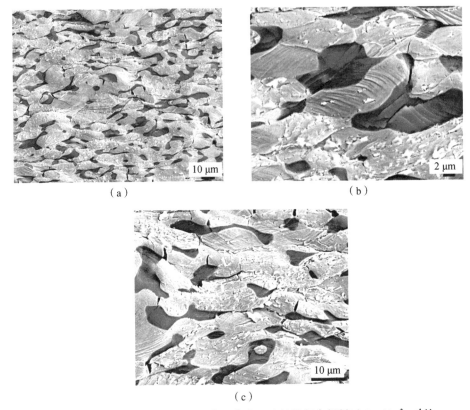

(a) (b)

(c)

图 3 - 37 金属 W/ZrTiNiCuBe 非晶合金双连续相复合材料以 4×10^{-3} s^{-1} 的 应变率压缩后试样的侧面形貌

（2）该复合材料在室温压缩时，在压缩试样中间部位沿平行于压缩轴的方向上出现纵向裂纹，试样整体并没有分开，属于Ⅰ型断裂方式。这与大多数非晶合金复合材料剪切断裂的方式有所不同。通过有限元分析软件模拟得到复合材料在压缩过程中，随着压下量的增大，试样逐渐被压成鼓形，并且在试样中间部分具有最高的周向拉应力。该拉应力是该复合材料在平行于压缩轴方向上产生裂纹的主要原因。

（3）该复合材料的断面主要由两种形貌构成，一种是钨骨架断裂后的形貌，主要由沿着钨颗粒的结合面断裂和钨颗粒自身的劈裂这两种断裂方式构成。另一种是 ZrTiNiCuBe 非晶合金断裂后的韧窝形貌。室温压缩断面形貌与室温拉伸断面形貌类似，进一步证明了该复合材料的最后破坏是由横向拉力引起的。

（4）该复合材料在室温压缩过程中，由于钨骨架具有较低的屈服强度，因此优先于 ZrTiNiCuBe 非晶合金发生塑性变形，导致在钨相/非晶合金相界面处产生应力集中，促进了剪切带的萌生。在变形过程中，剪切带的不稳定扩展被限制在钨骨架的孔隙之间。ZrTiNiCuBe 非晶合金和钨骨架之间良好的界面结合保证了应力的有效传递，大大降低了非晶合金内部的不均匀变形，保证了该复合材料的塑性变形可以稳定地进行。

（5）该复合材料随着压缩应变率的提高，屈服强度提高。在以较高速率变形后，钨骨架的变形更为明显、更为剧烈，在钨骨架的表面分布着一些细小的从钨颗粒上脱落下来的钨碎屑。

第 4 章
复合材料侵彻能力

本章介绍对钨骨架非晶合金复合材料破片的侵彻性能研究。选取一定厚度的装甲钢作为目标靶板，使用弹道枪对钨骨架非晶合金复合材料破片进行加载，测量侵彻速度及穿透靶板后的余速，探究两者之间的关系；对破片侵彻均质装甲钢靶板时的现象及穿孔形态进行分析，探究复合材料侵彻均质装甲钢靶板的机理；使用第3章建立的钨骨架非晶合金复合材料的模型，进行钨骨架非晶合金复合材料破片侵彻均质装甲钢靶板的有限元仿真试验，对破片在不同着靶姿态条件下的侵彻性能进行研究。

4.1　弹道枪侵彻性能试验

4.1.1　试验原理

选用弹道枪作为破片发射装置，钨骨架非晶合金复合材料破片侵彻试验装置布局如图4－1所示。将弹道枪固定于发射台上，防止在发射过程中出现枪口晃动、枪口上翘的情况，保证破片的飞行方向。在破片的飞行方向上依次布置弹托回收装置、靶前测速装置、均质装甲钢靶板和靶后测速装置。弹托回收装置主要用于回收弹托，防止其对破片飞行测速的干扰。靶前及靶后测速装置均为两个铝箔测速靶，测速靶与计时仪相连，根据靶间距与通断信号的时间差测量破片速度。靶前测速装置用于测量破片的飞行速度，由于它与均质装甲钢靶板距离较近，破片的飞行速降极小，所以可以认为该速度即破片的着靶速度。靶后测速装置用于测量破片穿透均质装甲钢靶板后的余速。

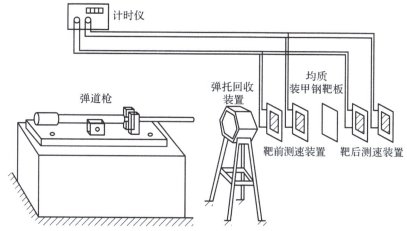

图 4 - 1　钨骨架非晶合金复合材料破片侵彻试验布局示意

4.1.2　试验准备

采用线切割方法将制备的复合材料切割为 8 mm × 8 mm × 8 mm 的立方体破片，分别用 400 目、800 目的砂纸对破片表面进行打磨，对破片的尺寸及质量进行测量并记录。钨/多元非晶合金复合材料破片如图 4 - 2 所示。

图 4 - 2　钨骨架/非晶合金复合材料破片

试验装置主要包括弹道枪、尼龙弹托、铝箔测速靶、六通道计时仪。试验场地布置如图 4 - 3 所示。各试验装置型号及其功能如下。

（1）弹道枪——口径为 14.5 mm，对破片进行加载以提供初速。

图4-3　试验场地布置

（2）尼龙弹托——用于固定破片，密封发射药燃气，对破片进行加载。

（3）铝箔测试靶——尺寸为350 mm×300 mm，要求前、后两面铝箔完全隔离，并且表面平整，以保证信号响应的实时性。

（4）六通道计时仪——为了保证测速的准确性，精度需高于1 μs。

（5）高速摄影机——对破片的飞行及侵彻过程进行拍摄（10 000 帧/s）。

首先将弹道枪固定在发射台上，使枪身处于水平状态，保证发射台与弹道枪的稳定性。在弹道枪轴线方向上放置5个钢架，第一个钢架与弹道枪枪口距离为2.5 m，其余钢架的间隔均为1 m，用于固定铝箔测速靶和均质装甲钢靶板。待均质装甲钢靶板和铝箔测速靶安装完毕后，调整其上下及水平位置，使均质装甲钢靶板、铝箔测速靶与弹道枪轴心保持在同一直线上。

将铝箔测速靶导线从防爆房墙体过线孔穿过，连接在六通道计时仪上并组成相应桥路。铝箔测速靶布设完成后，对其进行检查，使用金属丝连接靶纸前、后两面铝箔后断开，同时观察六通道计时仪的响应状态。依次进行测试后，将六通道计时仪归零并使之处于待触发状态。为更好地对破片的侵彻行为进行研究，在钢制掩体后架设高速摄影机，透过掩体观察窗对侵彻过程进行拍摄，掩体观察窗使用30 mm厚防爆玻璃进行防护，以确保人员和仪器安全。使用粒状发射药对破片进行加载，通过改变装药量来控制破片的初速。

该试验具有一定的危险性，为了保证试验过程绝对安全，人员在进行试验前应全部进入防爆房。使用拉绳控制弹道枪的发射，拉绳一端系在弹道枪扳机上，另一端通过观察窗引入防爆房。

4.1.3　试验过程

各项准备工作完成后，确认所有人员均处于安全位置，方可进行发射。拉动拉绳，使弹道枪发射，破片在发射药气体产物的驱动下以一定速度从枪口飞出，枪口铜丝断开,六通道计时仪接收到启动信号,破片依次穿过铝箔测速靶与均质装甲钢靶板,六通道计时仪接收到铝箔测速靶通断信号并记录时刻,通过铝箔测速靶之间的距离和穿透铝箔测速靶的时间差,即可求解出破片的侵彻速度以及穿透均质装甲钢靶板后的余速。

前一枚破试验完毕后,更换靶纸,调整均质装甲钢靶板的位置(每块均质装甲钢靶板可重复使用 2~4 次),待准备完毕、人员就绪后,即可装弹进行下一枚破片试验。

为了研究破片对一定厚度均质装甲钢靶板的极限侵彻速度,研究侵彻过程中着靶速度与余速的关系,使用厚度为 10.5 mm 的均质装甲钢靶板,在仅改变破片初速的条件下,进行数枚破片试验。破片侵彻速度分别为 750 m/s,900 m/s,1 050 m/s,1 200 m/s,1 350 m/s,1 500 m/s。

4.1.4 试验结果及分析

总共进行了 12 枚破片试验,其中第 6,11,12 枚破片由于速度较低没有穿透靶板,9 号破片侵彻靶板后,靶板表面有数个凹坑,这可能是由于破片在受到发射药燃气加载,随弹托飞出时发生了破碎。第 11,12 枚破片试验选用 15.5 mm 厚的均质装甲钢靶板,为了研究高/低速侵彻下弹坑残余物形态的不同,控制两枚破片的速度为 750 m/s 和 1 400 m/s。钨骨架非晶合金复合材料破片侵彻结果如表 4-1 所示。

表 4-1 钨骨架非晶合金复合材料破片侵彻结果

编号	靶板厚度 /mm	着靶速度 /(m·s⁻¹)	余速 /(m·s⁻¹)	正面孔径 /mm	背面孔径 /mm	备注
1#	10.5	995		15	16	边缘
2#	10.5	973	34	14	11	
3#	10.5	1 159	131	11	13	
4#	10.5	1 508	497	13	12	
5#	10.5	1 240	195	15	14	
6#	10.5	726		14		未穿透
7#	10.5	1 359	397	17	17	
8#	10.5	1 295	317	17	16	

续表

编号	靶板厚度 /mm	着靶速度 /(m·s⁻¹)	余速 /(m·s⁻¹)	正面孔径 /mm	背面孔径 /mm	备注
9#	10.5	1 067				破碎
10#	10.5	1 144	176	16	15	
11#	15.5	739		14		未穿透
12#	15.5	1 406		20		未穿透

从表 4-1 可以，随着着靶速度的升高，破片的余速呈升高趋势。以破片着靶速度和余速作为横纵坐标，将穿透 10.5 mm 厚均质装甲钢靶板破片的数据进行绘制可以发现，在 950~1 500 m/s 范围内破片的着靶速度和余速近似呈线性关系。试验结果拟合曲线如图 4-4 所示，曲线表达式为 $v = 0.93v_0 - 898$，可根据此式对破片的余速进行估算。当 v 为零时，着靶速度 v_0 为 966 m/s，即破片的速度为 966 m/s 时，破片刚好能够穿透靶板。对破片的穿孔孔径逐个进行测量，统计结果如表 4-1 所示。从表 4-1 可以看出，破片的穿孔正面与背面孔径基本相等，与侵彻速度的相关性较小。

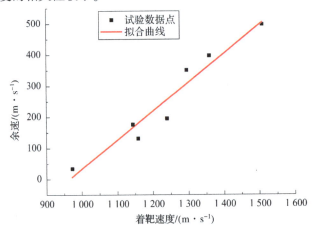

图 4-4 试验结果拟合曲线

含能结构金属材料根据其组分的不同可以分为三类。第一类是聚合物基体系，典型代表为 Al/PTFE。第二类是铝热剂类，其组分主要是金属和氧化物粉末。第三类是金属间化合物类，其组分主要为能够发生自蔓延反应的合金材料。钨骨架非晶合金属于含能结构金属材料的一种。在高速冲击材料内部发生强剪切的条件下，非晶合金亚稳态平衡状态遭到破坏，原子发生自蔓延反应，在较短时间内释放出大量的热。非晶合金材料内部在发生化学反应后出现结构弛豫，由非晶态转化为晶态。

　　钨骨架非晶合金复合材料破片由于其特殊的结构，在侵彻过程中表现出与普通惰性合金材料破片不同的性能。以钨合金破片为例，在侵彻均质装甲钢靶板的过程中，钨合金破片虽然也会出现一定火光，但形成火光的亮度较低，且持续时间较短，仅在侵彻初期可以从高速摄影图像中观察到。从钨骨架非晶合金复合材料破片侵彻过程的高速摄影图像中可以看到，钨骨架非晶合金复合材料破片在撞击靶板的瞬间产生刺眼的火光，穿透靶板后形状较完好，未发生严重破碎，飞行姿态较为稳定。从破片与靶板接触至破片穿透靶板飞出的过程中，破片内非晶合金材料发生自蔓延反应，在破片飞行轨迹上破片尾部形成一道白光，在破片穿透靶板十数毫秒后开始逐渐减弱然后消失。破片侵彻均质装甲钢靶板的高速摄影图像如图 4 – 5 所示。

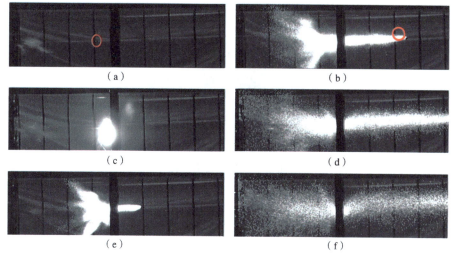

（a）　　　　　　　　　　　　　（b）

（c）　　　　　　　　　　　　　（d）

（e）　　　　　　　　　　　　　（f）

图 4 – 5　破片侵彻均质装甲钢靶板的高速摄影图像

　　与惰性破片侵彻均质装甲钢靶板的穿孔相比，钨骨架非晶合金复合材料破片形成的穿孔较为粗糙，烧蚀现象较为明显，两者具有显著的差异。钨合金破片侵彻靶板后的穿孔内壁光滑，具有一定的光泽，在穿孔内壁表面烧蚀现象不明显。这主要与钨合金破片侵彻靶板的机理有关。钨合金具有高强度、高密度、高弹性模量等特点，其密度、强度等性能已逼近现有晶态合金的极限。将其作为破片材料，对靶板进行侵彻时，破片的高动能使靶板发生高温流变，主要经历反击压缩—侵彻—剪切冲塞三个过程。

　　钨骨架非晶合金复合材料破片正面穿孔边缘出现的翻边较小，穿孔口部呈现倒喇叭状，内壁比较粗糙，口部与内壁没有明显过渡，穿孔内壁表面较为粗糙，存在毛刺等。靶板背面穿孔边缘存在一定凸起，这是侵彻过程中冲击变形所导致的。8#钨骨架非晶合金复合材料破片穿孔如图 4 – 6 所示。靶板背面穿孔如图 4 – 7 所示。

图 4 - 6 8#钨骨架非晶合金复合材料破片穿孔

图 4 - 7 靶板背面穿孔

在钨骨架非晶合金复合材料破片中，钨骨架的主要作用是提高复合材料的密度，改善复合材料整体的塑性。复合材料中非晶合金处于亚稳态，在高速冲击、强剪切条件下会发生剧烈的化学反应。在撞击靶板的过程中，破片主要依靠自身的动能对靶板完成侵彻。经钨骨架强化的破片不仅具有较高的强度，而且韧性较好，不易发生碎裂。由于破片与靶板的剧烈碰撞，破片内部的非晶态金属由于处于亚稳态而发生原子自蔓延反应，在很短的时间内释放大量的热，使靶板穿孔内壁附近的材料发生软化，有利于破片侵彻性能的提高。图 4 - 8 所示为 11#，12#钨骨架非晶合金复合材料破片侵彻 15.5 mm 厚均质装甲钢靶板的毁伤效果。图 4 - 9 所示为 11#，12#钨骨架非晶合金复合材料破片的弹坑。观察破片的弹坑可以发现，弹坑的边缘出现了明显的翻边，弹坑表面出现了严重的烧蚀。对比 11#与 12#破片的弹坑可以发现，随着破片着靶速度的提高，弹坑边缘的翻边更加明显，与靶面的夹角变大。由于破片没有穿透靶板，所以未能形成冲塞体与靶板分离，破片与靶板撞击并发生释能反应后残余物留在弹坑内，可以明显看到破片在撞击过程中发生了一定程度的熔化，破片整体的形态呈熔化砂状，这可能是由于在侵彻过程中，非晶合金原子间及其与空气发生反应，残余物大部分是钨骨架及非晶合金反应产物。弹坑内残留破片形态主要是撞击后变形的钨骨架形态。

图 4 – 8　11#、12#钨骨架非晶合金复合材料破片侵彻 15.5 mm 厚均质装甲钢靶板的毁伤效果

图 4 – 9　11#、12#钨骨架非晶合金复合材料破片的弹坑

4.2　轻气炮侵彻性能试验

4.2.1　轻气炮试验原理

4.2.1.1　设备原理

　　轻气炮是以压缩气体为能源将试验弹体在炮管内加速，最终使其获得一定速度以进行相关试验的设备。轻气炮主要由高压气室部件、炮管、观测室、回收室等构成，附属设备主要包括压缩机、真空泵、控制台、气瓶组件、真空度测量部件等。

4.2.1.2　特点和构成

　　(1) 由于采用膜片冲击爆裂（包括膜片自爆方式）模式，所以高压气室的工作气体释放速度高，这是轻气炮的驱动效率较高的方式。

　　(2) 膜片很好地解决了高压气室的密封问题，膜片与阀门相比具有突出的优点。

（3）膜片不需要特别加工，成本低。

（4）轻气炮的冲击部件结构简单，没有明确的易损件，使用维护方便。

（5）轻气炮发射可以采用膜片冲击爆裂模式，也可以采用膜片自爆模式，可以使用单层膜片，也可以使用双层膜片，工作模式选择比较丰富。

（6）轻气炮的工作气体为空气、氮气（N_2）、氦气（He），不能使用氢气（H_2）。

（7）高压气室部件主要包括高压气室、返回气室、冲击气室、膜片气室、释放气室、弹后空间，如图 4 – 10 所示。

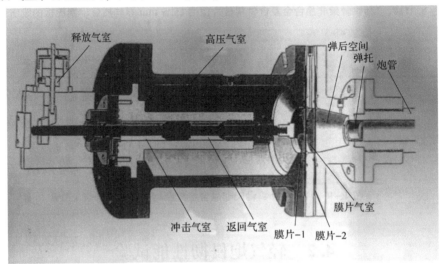

图 4 – 10　高压气室部件构成

①高压气室：轻气炮的储能部件，直径为 240 mm，容积约为 16 L，最高工作压力设计为 30 MPa。

②返回气室：作用是充气后将冲击部件推至锁定位置，然后将气体释放，释放开关处于打开状态。

③冲击气室：作用是充气后使冲击部件具有向前方冲击的能力，冲击膜片达到高压气室快速释放。

④膜片气室：当轻气炮工作于双层膜片模式时，膜片气室需要充入一定压力的气体。

⑤释放气室：在轻气炮处于待发射状态时，释放气室充入高压气体，从而达到释放冲击部件的作用，使轻气炮完成发射。在需要使冲击部件返回时，释放气室需要充入气体，等待冲击部件达到锁定位置。

⑥弹后空间：当轻气炮准备完成进入待发射状态时，弹后空间需要同观测室、炮管一起抽真空，以保证弹托不会移位。

（8）炮管：口径为 57 mm，总长度约为 12.7 m，长度/口径约为 223，容积约为 32.4 L。

（9）观测室：直径为 600 mm，长度为 600 mm，主要设置观测窗口、电缆穿入部件、真空接口、气体自动释放部件、真空测量接口、释放开关等部分。

（10）回收室：直径为 600 mm，长度为 900 mm，主要设置冲击挡板、回收部件等。观测室和回收室的总容积约为 420 L。

（11）压缩机：规格型号为 GSW200，排量为 200 L，压力为 30 MPa，功率为 4 kW。

（12）观测室真空泵：规格型号为 TRP60，用于观测室、回收室、炮管抽真空。抽气速率为 18 L/s，功率为 2.2 kW。

（13）控制台：轻气炮的主要控制部件，包括气源输入、气室操作、压缩机、真空泵（观测室、回收室、炮管、弹后空间、高压气室）控制。

（14）观测室真空度测量部件：麦氏真空计，在使用过程中应注意对其保护，轻气炮发射前确保保护开关关闭。

4.2.1.3　轻气炮膜片参数

轻气炮使用的膜片材料为合金铝，由于轻气炮的工作模式为膜片冲击爆裂或膜片自爆，所以膜片不用进行特别的加工，只要裁剪成大约 250 mm × 250 mm 的方形即可。目前提供（推荐）的膜片有以下几种。

（1）厚度：0.5 mm，合金铝型号：6061，自爆压力：1 MPa。

（2）厚度：1.0 mm，合金铝型号：6061，自爆压力：2 MPa。

（3）厚度：1.5 mm，合金铝型号：5052，自爆压力：7.5 MPa。

（4）厚度：2.0 mm，合金铝型号：5052，自爆压力：10 MPa。

（5）厚度：3.0 mm，合金铝型号：5052，自爆压力：15 MPa。

（6）厚度：4.0 mm，合金铝型号：5052，自爆压力：20 MPa。

当选用其他材料的膜片时，应进行膜片自爆压力测试。测试时应保证膜片不会产生碎片，否则不能使用。

4.2.1.4　工作模式

轻气炮的主要工作模式为膜片冲击爆裂，其也可以在膜片自爆模式下完成发射。膜片可以是单层，也可以是双层，双层之间为膜片气室。轻气炮使用何种工作模式，应当在试验设计时，根据发射压力、膜片自爆压力等条件进行确认。

1. 单层膜片冲击爆裂模式

使用单层膜片，在高压气室压力达到发射条件时释放冲击部件，膜片爆裂，完成发射。例如：膜片自爆压力为 10 MPa，高压气室压力达到 70%~80% 自爆压力时，膜片处于自爆临界状态，此时释放冲击部件，撞击膜片，膜片爆裂，完成发射。

2. 单层膜片自爆模式

使用单层膜片，根据膜片的自爆压力，使高压气室的压力持续升高，达到自爆压力时，膜片自动爆裂，完成发射。

4.2.1.5 轻气炮试验系统控制操作

轻气炮的气源管理，气室控制，压缩机、真空泵等设备的运行控制都是通过控制柜完成的，其他操作包括观测室真空泵的保护、观测室真空度测量部件的保护、自动放气阀的清理等。

控制柜控制开关说明如下。

（1）所有开关的初始状态均为关闭状态，压力表均在"0"位置。

（2）当用气瓶气源时，打开"气瓶气源"开关，气瓶给系统提供的气源压力在气源压力表上指示。当气瓶气源提供的压力不能满足要求时，应当关闭"气瓶气源"开关，启动压缩机继续给系统提供气源。当用压缩机气源时，打开"高压气源"开关，压缩机给系统提供的气源压力在气源压力表上指示。

（3）弹后空间的"真空—保护"开关。当试验准备完成，进入发射过程，观测室开始抽真空时，同时启动弹后空间真空泵，及时打开弹后空间的"真空—保护"开关并向"真空"方向转动，此时弹后空间进入抽真空状态，真空度在弹后空间压力表上指示。发射前，必须将弹后空间的"真空—保护"开关向"保护"方向转动，以避免高压气体冲击真空泵。

（4）高压气室的"真空—保护"开关。当轻气炮用空气作为工质气体时，有必要对高压气室进行抽真空操作，尽量提高工质气体的纯度。操作开始时，启动"高压室真空"开关，启动真空泵，随后将高压气室的"真空—保护"开关向"真空"方向转动，高压气室开始抽真空，真空度在高压气室压力表上指示。

当需要对高压气室部件（包括部分管路、控制柜内部储气罐）抽真空时，应在没有气源输入的情况下进行（气源压力表在"0"位置），打开高压气室的"充气"开关，则此时的抽真空操作是对高压气室部件抽真空，真空度在高压气室压力表上指示。

当抽真空操作完成后，及时将高压气室的"真空—保护"开关向"保护"方向转动。轻气炮发射完成后，如果高压气室压力表没有回到"0"位置，则应将高压气室的"真空—保护"开关向"真空"方向转动，待高压气室压力表回到"0"位置后，再将高压气室的"真空—保护"开关向"保护"方向转动。

（5）其余开关分别为膜片气室、高压气室、返回气室、冲击气室、释放气室的"充气"开关和"放气"开关，根据需要进行操作，对应气室的压力在相应的压力表上指示。

（6）返回气室、冲击气室、释放气室用于进行轻气炮的返回、冲击、释放（发射）操作。

4.2.1.6　轻气炮的发射过程

轻气炮的发射过程如下：弹丸准备—释放气室准备—回收室准备—发射前准备—发射—清理—后续工作。

4.2.1.7　终止试验程序

（1）当试验进行到发射前的步骤时，如果因为试验不能继续进行而必须终止试验，则必须按程序操作。

（2）打开高压气室的"放气"开关，释放高压气室的气体，使压力为0 MPa。

（3）关闭观测室真空泵，关闭弹后空间真空泵。

（4）打开观测室的"充气"开关，等待空气进入观测室、回收室。

（5）检查轻气炮状态，使轻气炮处于安全状态。

（6）打开回收室，检查试验装置。

（7）打开高压气室，检查弹丸位置，重新进行试验准备。

4.2.2　试验流程

4.2.2.1　弹丸准备

（1）确认试验材料为非晶合金复合材料破片，试验对象为Q235钢板。试样和靶板照片如图4-11所示。确定高压气室压力，检查轻气炮各部件是否正常。

（a）　　　　　　　　　　　　　　　（b）

图4-11　试样和靶板照片

（a）试样；（b）靶板

（2）制作弹丸，选取表面洁净的弹托，用棉布蘸取酒精擦拭其表面，将破片用 AB 胶水粘于弹托中心，静置进行干燥固化。弹丸照片如图 4 – 12 所示。

图 4 – 12　弹丸照片

4.2.2.2　释放气室配置

（1）将准备好的弹丸套上两个密封圈以保证在炮管高速运动的过程中受力均匀与充分，最大限度地传递高压气体的动能。将弹丸轻轻旋入炮管，旋入后用一颗固定螺母固定，防止在弹后空间抽真空的过程中弹托向后运动（图 4 – 13）。按照设定的气压值选定铝制膜片，用胶带固定在对接端口的外端（图 4 – 14）。

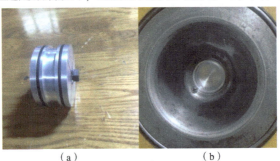

（a）　　　　　　　　　　　　　（b）

图 4 – 13　安装好密封圈的弹丸和上膛的弹丸照片

（a）安装好密封圈的弹丸；（b）上膛的弹丸

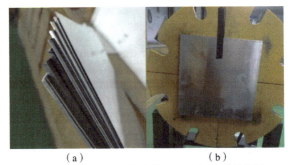

（a）　　　　　　　　　　　　　（b）

图 4 – 14　厚度不同的膜片和固定好的膜片照片

（a）厚度不同的膜片；（b）固定好的膜片

（2）将高压气室与炮口进行对接，旋紧 8 颗对接螺钉（对接过程中动作应缓慢，以防止冲撞以致膜片掉落）。至此，释放气室配置完毕（图 4 – 15）。

图 4 – 15　释放气室配置照片

4.2.2.3　测速装置准备

（1）制作速度传感器探头，选取 6 根 10 cm 左右长度的导线作为速度传感器的触发探针，两端除去 2 cm 左右的绝缘胶皮，与设计好的探针槽配合，利用 502 胶水顺着探针槽的孔径滴入，使两者紧密连接，并用锉刀打磨探针表面以达到加强其导电性的目的（图 4 – 16）。

图 4 – 16　配置和打磨好的速度传感器探头照片

（2）将该探头安放在探头载体上，并用两侧的螺钉进行旋紧（图 4 – 17）。

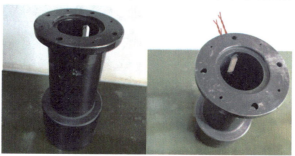

图 4 – 17　探头载体照片

4.2.2.4 观测室准备

（1）将探头载体与炮口通过螺纹进行对接，连接从外部引入的数据线，导线的一端用于弹托接触形成闭合回路，另一端连接数据线，利用绝缘胶带封住裸露的导线（图4-18）。

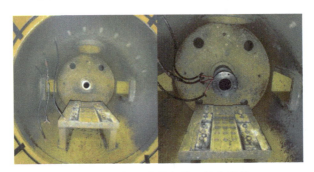

图4-18 探头载体与炮口结合照片

（2）打开示波器电源，用一端绝缘、一端裸露的导线刮蹭探针 [图4-19（a）、（b）] 来模拟弹托运动过程中触碰探针产生的电信号，观察示波器上是否有信号

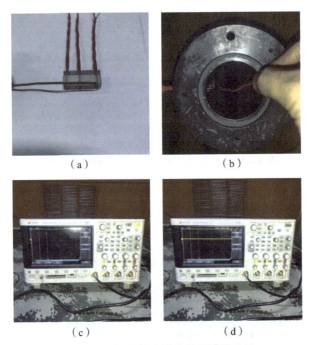

（a）　　　　　　　　　（b）

（c）　　　　　　　　　（d）

图4-19 探针检查操作及示波器信号

[无信号见图 4 - 19（c），有信号见图 4 - 19（d）]，如此反复至传感器灵敏，关闭示波器（有信号则视为传感器灵敏，可用来测速，无信号则需重新制备探头）。

（3）安装挡弹器。选取用合金钢特制的铝弹托挡弹器，配合导轨安装，利用扳手将 4 颗螺钉旋入以固定（图 4 - 20）。至此，观测室准备完毕。

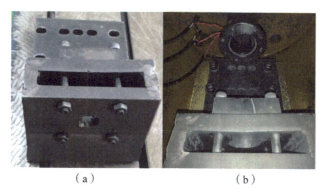

（a）　　　　　　　　　　　　　　　（b）

图 4 - 20　挡弹器及其安装完毕照片

（a）挡弹器；（b）挡弹器安装完毕

4.2.2.5　回收室准备

（1）选取厚度为 5.8 mm 的 Q235 钢板作为试验对象，按照接收装置配合的固定口对其进行 4 个固定口的配对，用扳手与螺钉将其固定于接收装置的正中心，确定回收室内无其他影响试验的杂物（图 4 - 21）。

图 4 - 21　回收室照片

（2）将观测室与回收室进行对接，旋上 12 颗紧固螺钉，拧紧固螺钉时先进行第一次预紧，再进行第二次锁紧，防止拧的过程中紧固螺钉松动掉落而砸伤人员。对接过程如图 4 - 22 所示。

图 4 - 22   对接过程

4.2.2.6   发射

（1）将操作台的所有开关旋拧至关闭状态（图 4 - 23、图 4 - 24）。

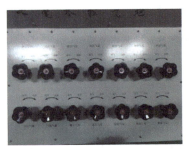

图 4 - 23   轻气炮操作台照片

图 4 - 24   压缩机和炮管照片

（2）接通电源。

（3）按下弹后空间的抽真空启动按钮，左旋打开弹后空间的真空蝶阀进行抽真空，观察弹后空间的压力表示数，待压力降至 -0.1 MPa 后右旋真空蝶阀至保护状态，按下弹后空间的抽真空关闭按钮［图 4-23（b）］。

（4）将观测室抽真空的气阀打开，按下观测室的抽真空启动按钮，待气压表指示符合要求后，关闭观测室抽真空的气阀，按下观测室抽真空的关闭按钮。

（5）检查压缩机的Ⅰ，Ⅱ，Ⅲ级气密性是否良好，按下压缩机启动按钮，左旋高压气源蝶阀，将高压气室充气至确认数值。待达到预定的压力值后，进入发射准备完毕阶段。

（6）确认人员安全，确认试验仪器状态，左旋打开冲击气室阀门充气，迅速左旋释放气室阀门，在高压的作用下，冲击气室的气体推动冲击部件冲击接近自爆的膜片，膜片碎裂，全部高压气体作用于弹托上，推动弹托发射。

（7）发射完毕。

4.2.3　极限侵彻速度试验

4.2.3.1　试验目的

测试圆柱体、立方体破片的极限侵彻速度。

4.2.3.2　试验仪器设备

1. 靶板

采用 5.8 mm 厚 Q235 钢板、10.0 mm 厚均质装甲钢板。

2. 设备和材料

圆柱体破片、立方体破片、57 mm 轻气炮、示波器、电极、测试数据线、弹托、AB 胶水、酒精、密封圈、弹托、绝缘胶带、工具箱、扳手、5.8 mm 厚 Q253 钢板、10.0 mm 厚均质装甲钢板等。

4.2.3.3　试验步骤

（1）安装某一厚度的靶板。

（2）装配弹托和破片。

（3）调整气压控制破片发射速度，记录破片质量、电极之间的距离、示波器峰值的时间差、靶板侵彻情况。

（4）重新选择同一种厚度的靶板。

（5）调整气压控制破片发射速度，重复步骤（1）~（4），直到不能穿透靶板为止。

（6）计算破片速度。炮管出口处的测速装置外连示波器，内连 3 个电极探头，两两间隔分别为 16 mm 和 12 mm，利用在弹托经过的一瞬间形成闭合回路，同时形成电信号传输至示波器，3 个探头传输 3 个电信号，在示波器上显示 3 个电信号之间的时间间隔，利用距离和时间的关系求出速度，并取均值（图 4 - 25）。

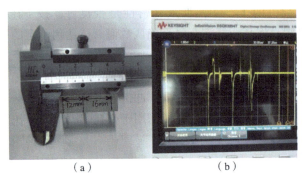

（a）   （b）

图 4 - 25   电极测量及示波器信号

（a）电极测量；（b）示波器信号

4.2.4 试验结果分析

4.2.4.1   圆柱体破片侵彻试验

圆柱体破片侵彻数据如表 4 - 2 所示。靶板正面、背面侵彻照片分别如图 4 - 26，图 4 - 27 所示。

表 4 - 2   圆柱体破片侵彻数据

序号	破片质量/g	发射压力/MPa	冲击速度/(m·s⁻¹)	侵彻情况	破片状态	弹孔直径/mm
1#	5.82	11	791	穿透	碎裂	16
2#	5.86	9	769	穿透	碎裂	14
3#	5.82	5	623	穿透	碎裂	13
4#	5.74	4.5	600	脱靶		
5#	5.72	4	583	穿透	碎裂	12
6#	5.83	2	556	穿透	碎裂	11
7#	5.82	1.8	525	穿透	碎裂	9

续表

序号	破片 质量/g	发射 压力/MPa	冲击速度 /(m·s⁻¹)	侵彻 情况	破片状态	弹孔直径 /mm
8#	5.84	1.5	502	未穿透	嵌入	
9#	5.83	1	486	未穿透	嵌入	
10#	5.82	1	474	未穿透	碎裂	

　　由表 4-2 可知，1#、2#、3#、5#、6#、7#破片均有效侵彻靶板；4#破片脱靶导致第 4 次试验失败；8#、9#、10#破片嵌入靶板，其中 8#破片嵌入靶板最深。

　　由图 4-26 可知，1#、2#、3#、5#、6#、7#靶板均为通孔；8#靶板出现一条裂纹；9#靶板有一圆形凸起，无裂纹；8#靶板被嵌入最深。

　　随着冲击速度的降低，从靶板背面的弹孔可以发现，冲击速度越高，弹孔越大，剪切情况越明显。

　　观察图 4-28 可知，当冲击速度为侵彻 8#靶板的 502 m/s 时，在 8#靶板背面可以清晰地看到一条带状裂纹，由此可以判断此时破片的速度已经接近此次试验的极限侵彻速度。当冲击速度为侵彻 7#靶板的 525 m/s 时，7#靶板达到了半侵彻的效果，故确定本次试验的圆柱体破片极限侵彻速度介于侵彻 7#靶板的 525 m/s 和 8#侵彻靶板的 502 m/s 之间。

图 4-26　靶板正面侵彻照片

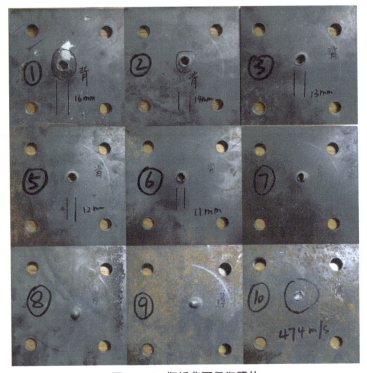

图 4 - 27　靶板背面侵彻照片

图 4 - 28　8#和 7#靶板背面细节放大

4.2.4.2　立方体破片侵彻试验

立方体破片侵彻数据如表 4 - 3 所示。破片材料密度为 14.40 g/cm，均质装甲钢板厚度为 10.0 mm。

靶板正面和背面侵彻照片分别如图 4 - 29 和图 4 - 30 所示。

表 4 – 3　立方体破片侵彻数据

序号	破片质量/g	发射压力/MPa	冲击速度/(m · s⁻¹)	侵彻情况	破片状态
1#	6.07	4.0	554	未侵彻	碎裂
2#	6.37	6.5	583	未侵彻	嵌入
3#	5.87	7.0	618	未侵彻	嵌入
4#	5.87	9.0	725	未侵彻	碎裂
5#	5.89	10.0	755	未侵彻	嵌入
6#	6.82	10.5	784	侵彻	碎裂
7#	6.22	11.0	807	侵彻	碎裂

　　观察图 4 – 31、图 4 – 32 可知，当冲击速度为侵彻 5#靶板的 755 m/s 时，破片深深嵌入靶板，靶板背面凸起明显，当冲击速度为侵彻 6#靶板的 784 m/s 时，破片穿透靶板，为通孔，靶板背面呈剥落状，没有掉落，由此评定本次试验的立方体破片侵彻 10.0 mm 厚均质装甲钢板的极限侵彻速度介于 755 m/s 和 784 m/s 之间，与由 De Marre 公式计算的经验数值 913 m/s 相差不大。

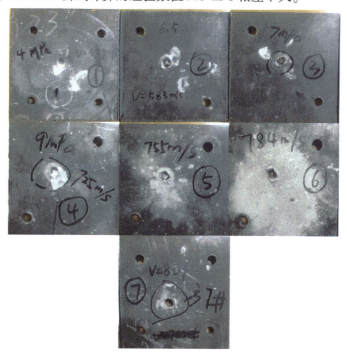

图 4 – 29　靶板正面侵彻照片

图 4 - 30　靶板背面侵彻照片

图 4 - 31　5#、6#靶板正面细节放大

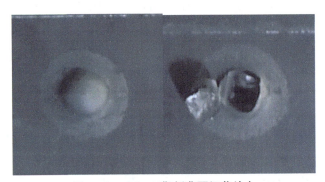

图 4 - 32　5#、6#靶板背面细节放大

4.3　单枚含能破片效能试验

4.3.1　试验器材和方法

4.3.1.1　试验器材

(1) 非晶合金复合材料破片：尺寸规格为 $\phi 8$ mm × 10 mm。

（2）发射装置：1 套，如图 4 – 33 所示。

（3）靶板：6 mm×300 mm×300 mm（10 块）、1.5 m×1 m×6 mm（1 块），如图 4 – 34 所示。

（4）棉被：如图 4 – 35 所示。

（5）测速靶框、计时仪、测速线、高速摄影机等：如图 4 – 36 ~ 图 4 – 39 所示。

图 4 – 33　发射装置

图 4 – 34　靶板

图 4 – 35　试验用棉被

图 4-36　测速靶框

图 4-37　计时仪

图 4-38　测速线

4.3.1.2　试验方案

　　发射装置、靶板通过固定架按试验要求布置并固定，具体如图 4-40~
图 4-42 所示。破片为非晶合金复合材料破片，发射使用小粒黑。根据试验目的
分别设置单枚破片击穿 6 mm 厚靶板后对汽油箱、棉被的引燃效果试验，单枚破
片对钢板的临界击穿速度试验。

图 4 – 39　高速摄影机

图 4 – 40　单枚破片击穿 6 mm 厚靶板后对汽油箱的引燃效果试验布置方案

图 4 – 41　单枚破片击穿 6 mm 厚靶板后对棉被的引燃效果试验布置方案

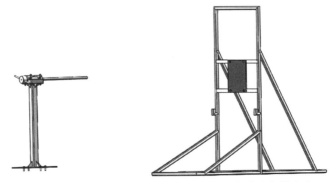

图 4-42 单枚破片对靶板的临界击穿速度试验布置方案

4.3.2 试验步骤

（1）由试验负责人召开全体参试人员会议，明确参试人员分工，宣布安全守则。参试人员在试验中应听从试验负责人的安排。

（2）试验前对产品装配人员进行安全技术交底和培训。

（3）准备试验场地，清理附近范围内的杂物，保证达到试验要求的环境条件。

（4）提前布置场地，将发射装置与靶板、棉被及油箱等试验器材按要求布置。

（5）由试验站工作人员连接导线。

（6）除试验员外，其余人员撤到安全区域。

（7）在保证相关人员撤离现场后，现场指挥人员下达起爆命令，点火人员喊口令"3，2，1，起爆"（约3 s），导线通电，发射破片。

（8）3 min 后由技术人员在安全区域确认，判定危险消除后，由总指挥下达解除警戒命令，技术人员随后进行测量，记录试验数据，安排人员清理试验现场。

（9）通过高速摄影机观察靶标后效情况。

（10）检查试验现场，记录数据。

4.3.3 试验结果

4.3.3.1 单枚破片击穿 6 mm 厚靶板后对汽油箱的引燃效果试验

单枚破片击穿 6 mm 厚靶板后对汽油箱的引燃效果试验共消耗 5 枚破片。试验数据如表 4 – 4 所示。试验现场布置如图 4 – 43、图 4 – 44 所示。每枚破片击穿靶板后均能引燃汽油箱，如图 4 – 45 ~ 图 4 – 49 所示。靶板击穿效果如图 4 – 50、图 4 – 51 所示。汽油箱毁伤情况如图 4 – 52、图 4 – 53 所示。

表 4 – 4　单枚破片击穿 6 mm 厚靶板后对汽油箱的引燃效果试验数据

序号	冲击速度/(m · s⁻¹)	侵彻情况	汽油箱引燃情况	备注
1#	838	穿透	引燃	
2#	843	穿透	引燃	
3#	826	穿透	引燃	
4#	832	穿透	引燃	
5#	834	穿透	引燃	

图 4 – 43　试验现场布置（正面）

图 4 – 44　试验现场布置（背面）

图 4 – 45　破片击穿 6 mm 厚靶板后对汽油箱的引燃效果（第 1 枚）

图 4 – 46　破片击穿 6 mm 厚靶板后对汽油箱的引燃效果（第 2 枚）

图 4 – 47　破片击穿 6 mm 厚靶板后对汽油箱的引燃效果（第 3 枚）

图 4 - 48　破片击穿 6 mm 厚靶板后对汽油箱的引燃效果（第 4 枚）

图 4 - 49　破片击穿 6 mm 厚靶板后对汽油箱的引燃效果（第 5 枚）

图 4 - 50　靶板正面击穿效果

图 4 - 51　靶板背面击穿效果

图 4 – 52　油箱正面毁伤情况

图 4 – 53　油箱背面毁伤情况

4.3.3.2　单枚破片击穿 6 mm 厚靶板后对棉被的引燃效果试验

单枚破片击穿 6 mm 厚靶板后对棉被的引燃效果试验共消耗 5 枚破片。试验数据如表 4 – 5 所示。试验现场布置如图 4 – 54 所示。每枚破片击穿靶板后未能引燃棉被，如图 4 – 55 ~ 图 4 – 58 所示。靶板击穿效果如图 4 – 59 所示。棉被毁伤情况如图 4 – 60 所示。

表 4 – 5　单枚破片击穿 6 mm 厚靶板后对棉被的引燃效果试验数据

序号	冲击速度/(m·s⁻¹)	侵彻情况	棉被引燃情况	备注
1#	819	穿透	未引燃	
2#	832	穿透	未引燃	
3#	836	穿透	未引燃	
4#	828	穿透	未引燃	
5#	841	穿透	未引燃	

图 4 – 54　试验现场布置

图 4 – 55　破片击穿 6 mm 厚靶板后对棉被的引燃效果（第 1 枚）

图 4 – 56　破片击穿 6 mm 厚靶板后对棉被的引燃效果（第 2 枚）

图 4 – 57　破片击穿 6 mm 厚靶板后对棉被的引燃效果（第 3 枚）

图 4 - 58　破片击穿 6 mm 厚靶板后对棉被的引燃效果（第 4 枚）

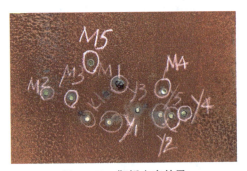

图 4 - 59　靶板击穿效果

图 4 - 60　棉被毁伤效果

　　图 4 - 61 所示为含能破片后效毁伤试验中棉被毁伤情况，靶板上引燃位置有多个集中破片穿孔。

图 4 –61　含能破片后效毁伤试验棉被毁伤情况

4.3.3.3　单枚破片对 6 mm 靶板的临界击穿速度试验

单枚破片对 6 mm 厚靶板的临界击穿速度试验共消耗 10 枚破片。试验数据如表 4 –8 所示。靶板毁伤效果如图 4 –62、图 4 –63 所示。

表 4 –8　单枚破片对靶板的临界击穿速度试验数据

序号	冲击速度/(m·s⁻¹)	侵彻情况	弹孔直径/mm	备注
1#	791	穿透	16	
2#	769	穿透	14	
3#	623	穿透	13	
4#	600	脱靶	无	
5#	583	穿透	12	
6#	556	穿透	11	
7#	525	穿透	9	
8#	502	未穿透		嵌入靶板
9#	486	未穿透		嵌入靶板
10#	474	未穿透		碎裂

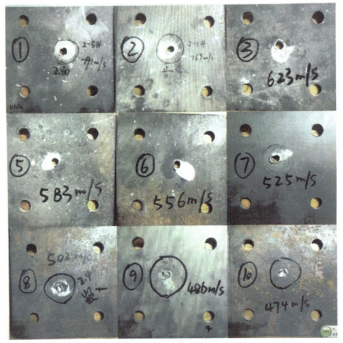

图 4 – 62　靶板正面毁伤效果

图 4 – 63　靶板背面毁伤效果

4.3.4 结论

单枚破片击穿 6 mm 厚靶板后对汽油箱和棉被的引燃效果试验结果分析如下。

（1）5 枚破片击穿 6 mm 厚靶板后均能引燃汽油箱，说明含能破片具有较好的引燃特性。

（2）5 枚破片击穿 6 mm 厚靶板后均未能引燃棉被，根据图 4 - 61，破片命中密度影响靶后棉被毁伤，具体命中密度需后续试验验证。

（3）单枚破片对 6 mm 厚靶板的临界击穿速度为 502 ~ 525 m/s，从靶板背后弹孔可以发现，冲击速度越高，弹孔越大，剪切情况越明显。

4.4 多破片冲击引爆试验

4.4.1 试验器材和方法

试验器材

（1）非晶合金复合材料破片：尺寸规格为 $\phi 8$ mm ×10 mm。

（2）多破片爆炸发射装置：10 套，结构及实物如图 4 - 64 所示。

（3）炸药盒：10 件，迎弹面为 6 mm ×300 mm ×300 mm 钢板，背面为 10 mm × 300 mm ×300 mm 钢板，内装塑性炸药，如图 4 - 65 所示。

（4）测速靶框、计时仪、高速摄影机：如图 4 - 66 ~ 图 4 - 68 所示。

4.4.2 试验方案

根据试验要求，多破片爆炸发射装置、炸药盒、测速靶等通过固定架布置并固定，布置方案如图 4 - 69 所示。多破片爆炸发射装置端面破片为非晶合金复合材料破片，内部装填 JH - 2 炸药。根据考核指标要求，第一试验时发射装置端面放置 12 枚破片，距离发射装置 3 m 处布置 2 mm ×1 m ×1 m 钢靶板，用于观察破片分布密度。从第二次试验开始，发射装置端面依次布置 3 枚、4 枚……12 枚破片，逐次进行试验，直至获得可靠引爆炸药盒破片数，测速靶测试破片着靶速度，高速摄影机拍摄侵彻引爆现象。

破片 压紧螺钉 端盖　　　主装药　壳体　　　　起爆药柱 雷管

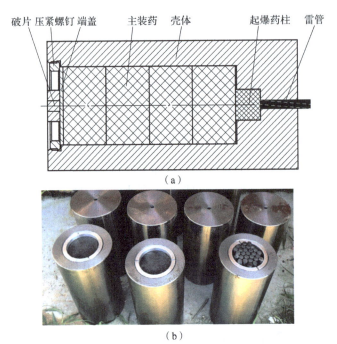

（a）

（b）

图 4 – 64　多破片爆炸发射装置结构及实物

（a）结构；（b）实物

图 4 – 65　炸药盒

图 4 – 66　测速靶框

图 4 - 67　计时仪

图 4 - 68　高速摄像机

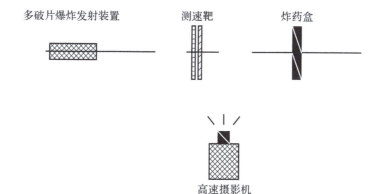

图 4 - 69　多破片冲击引爆试验布置方案

4.4.3　试验步骤

（1）由试验负责人召开全体参试人员会议，明确参试人员分工，宣布安全守则。参试人员在试验中应听从试验负责人的安排。

（2）试验前对产品装配人员进行安全技术交底和培训。

（3）准备试验场地，清理附近范围内的杂物，保证达到试验要求的环境条件。

（4）提前布置试验场地，将多破片爆炸发射装置、测速靶、炸药盒等试验器材按要求布置。

（5）由试验站工作人员连接导线。

（6）除试验人员外，其余人员撤到安全区域。

（7）在保证相关人员撤离现场后，现场指挥人员下达起爆命令，点火人员喊口令"3，2，1，起爆"（约 3 s），导线通电，引爆多破片爆炸发射装置发射破片。

（8）3 min 后由技术人员在安全区域确认，判定危险消除后，由总指挥下达解除警戒命令，技术人员随后进行测量，记录试验数据，安排人员清理试验现场。

（9）通过高速摄影机观察侵彻引爆现象。

4.4.4　试验结果

多破片冲击引爆试验共进行 5 次，其中第 1 次为破片密度分布试验，用于观测破片分布及测试破片速度，试验现场布置如图 4 - 70 所示，破片作用在靶板上的密度分布如图 4 - 71 所示。

破片密度分布试验高速摄影拍摄图如图 4 - 72 所示。

图 4 - 70　破片密度分布试验现场布置

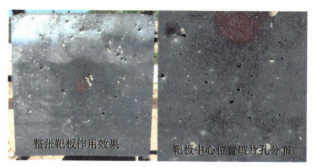

整张靶板作用效果　　　　　靶板中心位置破片孔分布

图 4 - 71　破片作用在靶板上的密度分布

图 4 - 72　破片密度分布试验高速摄影拍摄图

　　第 2 ~ 第 5 次试验为多破片冲击引爆试验，每次试验中多破片爆炸发射装置端面依次放置 3 枚、4 枚、6 枚、7 枚破片，试验现场布置如图 4 - 73。

图 4 - 73　多破片冲击引爆试验现场布置

　　第 2 次试验中多破片爆炸发射装置端面布置 3 枚破片，其中着靶有效破片数量为 3 枚，破片作用炸药盒后被完全引爆，通过高速影像分析可见炸药盒已炸碎。试验现场布置及毁伤效果如图 4 - 74、图 4 - 75 所示。

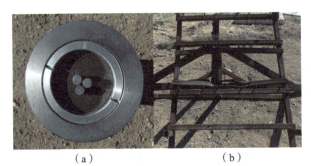

（a）　　　　　　　　　　　（b）

图 4 - 74　第 2 次试验现场布置及靶架毁伤效果

（a）第 2 次试验现场布置；（b）靶架毁伤效果

碎片捕捉画面

图 4 - 75　第 2 次试验高速摄影拍摄图

第 3 次试验中多破片爆炸发射装置端面布置 4 枚破片，其中着靶有效破片数量为 4 枚，破片作用炸药盒后被完全引爆，通过高速影像分析可见炸药盒已炸碎，试验现场布置及毁伤效果如图 4 - 76 ~ 图 4 - 78 所示。

图 4 - 76　第 3 次试验现场布置

图 4 - 77　第 3 次试验中部分回收碎片

碎片捕捉画面

图 4 - 78　第 3 次试验高速摄影拍摄图

第 4 次试验中多破片爆炸发射装置端面布置 6 枚破片，其中着靶有效破片数量为 5 枚，破片作用炸药盒后被引燃，试验现场布置及毁伤效果如图 4 - 79 ~ 图 4 - 81 所示。

第 5 次试验中多破片爆炸发射装置端面布置 7 枚破片，其中着靶有效破片数量为 6 枚，破片作用炸药盒后被完全引爆，试验现场布置及毁伤效果如图 4 - 82 ~ 图 4 - 85 所示。

多破片冲击引爆试验数据如表 4 - 7 所示。

图 4 - 79 第 4 次试验现场布置

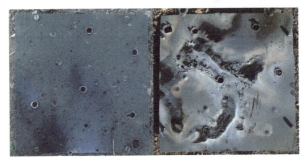

图 4 - 80 第 4 次试验中炸药盒表面毁伤痕迹

图 4 - 81 第 4 次试验高速摄影拍摄图

图 4 - 82 第 5 次试验现场布置

图 4 – 83　第 5 次试验中部分回收碎片及靶架毁伤效果

图 4 – 84　第 5 次试验中炸药盒正面靶板毁伤效果

图 4 – 85　第 5 次试验高速摄影拍摄图

表 4 – 7　多破片冲击引爆试验数据

试验次序	多破片爆炸发射装置端面布置破片数/枚	有效着靶破片数/枚	炸药盒作用效果	单枚破片冲击速度/(m·s⁻¹)	单枚破片动能/J	备注
第 1 次	12	12		1 195	7 140	
第 2 次	3	3	引爆	1 263	7 976	炸药盒被炸碎

续表

试验次序	多破片爆炸发射装置端面布置破片数/枚	有效着靶破片数/枚	炸药盒作用效果	单枚破片冲击速度/(m·s⁻¹)	单枚破片动能/J	备注
第 3 次	4	4	引爆			炸药盒被炸碎
第 4 次	6	5	引燃			炸药盒表面燃烧痕迹明显
第 5 次	7	6	引爆			回收到部分碎片

4.4.5　结论

非晶合金复合材料多破片冲击引爆试验结果分析如下。

（1）多破片爆炸发射装置可同时发射 3~12 枚破片，并且发射速度满足指标要求。

（2）3 枚及以上破片可冲击侵彻靶板，并引燃引爆靶后塑性炸药。

（3）破片冲击动能在 6 050~8 450 J 范围内，可以引燃引爆 6 mm 厚靶板的屏蔽塑性炸药。

第 5 章

复合材料侵彻性能数值仿真

5.1 钨/多元非晶合金复合材料状态方程

状态方程用于描述材料受到的压力、内能（温度）与体积应变之间的关系。三者之间的关系由材料本身的热力学性质所决定，一般情况下通过动力学试验获得高应变率下的性能数据，得到材料的状态方程。数值计算中采用的是状态方程的解析形式，该形式虽然是真实状态方程的近似，但在其适用范围内可保证精度，提高了运算的效率。

不同类别材料的性质差异较大，其所对应的状态方程形式也不同，常见的状态方程有理想气体状态方程、线性状态方程、Mie - Gruneisen 形式状态方程、多项式状态方程及 Shock 状态方程等。其中，Mie - Gruneisen 形式状态方程多用于描述冲击条件下金属固体的热力学行为。多项式状态方程是 Mie - Gruneisen 形式状态方程的一般形式，多用于金属固体高速变形过程。经分析比较，选取多项式状态方程作为钨/多元非晶合金复合材料状态方程。

多项式状态方程的基本形式如下。

$\mu > 0$（压缩）：

$$P = A_1\mu + A_2\mu^2 + A_3\mu^3 + (B_0 + B_1\mu)\rho_0 e \tag{5-1}$$

$\mu < 0$（拉伸）：

$$P = T_1\mu + T_2\mu^2 + B_0\rho_0 e \qquad (5-2)$$

其中，

$$\mu = \frac{\rho}{\rho_0} - 1 \qquad (5-3)$$

式中，P 为压力；ρ 为当前密度；ρ_0 为平均密度；μ 为体积应变；e 为能量；A_1，A_2，A_3，B_0，B_1，T_1，T_2 均为状态方程常数。

$$\mu = \frac{V_0}{V} - 1 \qquad (5-4)$$

钨/多元非晶合金复合材料状态方程主要应用于高压、高应变率条件下，且不考虑温升及热软化问题，复合材料的多项式状态方程为

$$P = A_1\mu + A_2\mu^2 + A_3\mu^3 \quad (\mu > 0) \qquad (5-5)$$

高压下复合材料的 $P-\mu$ 曲线可通过磁驱动等熵压缩试验获得。

参考前面的 3.3.3 小节，对试验数据进行处理，拟合得到参数：$A_1 = 167.306\,81$，$A_2 = 394.637\,46$，$A_3 = 687.556\,5$。因此，得到

$$P = 167.31\mu + 394.64\mu^2 + 687.56\mu^3 \quad (\mu > 0) \qquad (5-6)$$

5.2　钨/多元非晶合金复合材料本构模型研究

在较低的压力下，固体的形变与结构和强度具有密切的关系，此时状态方程不再适用，需要借助本构模型对材料的状态进行描述。

本构模型是用于描述物质应力 – 应变关系的数学模型。常见的弹塑性固体本构模型包括 Johnson – Cook（JC）模型、Zerilli – Armstrong（ZA）模型、Steinberg – Guinan（SG）模型等。通过对各种模型原理及适用范围的分析，并结合钨/多元非晶合金复合材料本身的性能，选取 Johnson – Cook 模型作为钨/多元非晶合金复合材料的本构模型。

5.2.1　Johnson – Cook 模型基本形式

1983 年，美国的 Johnson 和 Cook 提出了一种针对金属材料大变形、高应变率情况下的强度模型，即 Johnson – Cook 模型。该模型很适合用于炸药爆轰加载及高速碰撞问题，其屈服应力为

$$\sigma_y = (A + B\varepsilon_p^n)(1 + C\ln\dot{\varepsilon}^*)(1 - T^{*m}) \qquad (5-7)$$

式中，A，B，C，m，n 均为材料的常数，可由相关力学试验进行测定；ε_p 为材料的等效塑性应变；$\dot{\varepsilon}^* = \dot{\varepsilon}/\dot{\varepsilon}_0$，是材料的无量纲应变率（常取 $\dot{\varepsilon}_0 = 1\ \mathrm{s}^{-1}$ 作为参

考应变率）；约化温度为

$$T^* = \frac{T - T_r}{T_m - T_r} \qquad (5-8)$$

式中，T_m 为材料的熔点；T_r 为参考温度。

5.2.2　Johnson – Cook 模型参数的求解

结合 Johnson – Cook 模型参数拟合方法，对钨/多元非晶合金复合材料的本构模型参数进行拟合求解。

5.2.2.1　求解 A，B，n

在式（5-7）中，等号右边第一个括号表示当 $\dot\varepsilon = \dot\varepsilon_0$ 且 $T = T_r$ 时，应力与应变的关系。T_r 为参考温度，因此可使用参考应变率下的 $\sigma - \varepsilon$ 曲线来求解 A，B，n。式（5-7）可变换为

$$\sigma = A + B\varepsilon^n \qquad (5-9)$$

当塑性应变 ε 为零时，A 即材料的屈服应力，由此可得 A 的值为 1 356 MPa。对式（5-9）等号两边取对数，可得到

$$\ln(\sigma - A) = \ln B + n\ln \varepsilon \qquad (5-10)$$

代入 A，作出 $\ln \varepsilon - \ln(\sigma - A)$ 曲线（图 5-1），则曲线的斜率即 n，截距即 $\ln B$，求得 B 为 1 515. 36 MPa，n 为 0. 64。

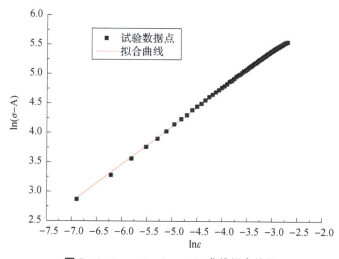

图 5-1　$\ln \varepsilon - \ln\ (\sigma - A)$ 曲线拟合结果

5.2.2.2 确定参数 C

式（5-7）等号右边第二个括号描述应变率强化效应，C 为应变率敏感系数。塑性应变 $\varepsilon = 0$ 时，由式（5-7）可得

$$\sigma_y = A(1 + C\ln\dot{\varepsilon}) \qquad (5-11)$$

根据分离式霍普金森压杆试验数据，作出 $(\sigma_y/A-1) - \ln\dot{\varepsilon}$ 曲线（图5-2），即可得到参数 C 的值为 0.468 9。

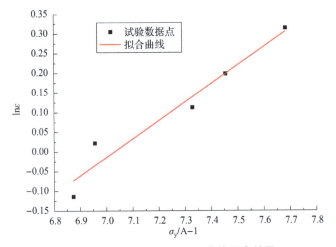

图5-2　$(\sigma_y/A-1) - \ln\varepsilon$ 曲线拟合结果

在不考虑温升对材料的影响的条件下，对材料的本构方程进行简化。代入各参数的值，可以得到 Johnson-Cook 模型的本构方程表达式为

$$\sigma_y = (1\,356 + 1\,515.36\varepsilon_p^{0.64})(1 + 0.468\,9\ln\dot{\varepsilon}^*) \qquad (5-12)$$

5.2.3　钨/多元非晶合金复合材料失效模型

在爆炸或高速冲击的情况下，材料因不能承受高的剪切应力而发生塑性屈服。当材料所承受应力或发生的应变到达或超出材料的承受限度时，状态方程和本构模型将无法对其状态进行描述。因此，在仿真运算中需要建立一种新的模型来判定这种极限状态，并且对材料失效后的状态性质进行描述，这种模型即失效模型。失效模型通常分为三类：体积失效（各向同性）模型、方向性失效模型及累积损伤模型。

在准静态及准动态试验过程中发现，钨/多元非晶合金复合材料的最高压缩强度与应变率具有较高的相关性，相对来说，钨/多元非晶合金复合材料发生失效时的应变受应变率的影响较小。钨/多元非晶合金复合材料发生失效时的应变

总在一定范围内变化，因此，选用方向性应变失效中的应变失效作为钨/多元非晶合金复合材料的失效模型。

5.3　侵彻性能仿真研究

进入新世纪以来，随着计算机运算水平的不断飞跃，有限元仿真技术有了质的突破，被越来越多地运用到科学研究中。爆炸冲击领域常用的数值模拟软件多种多样，如 AUTODYN、LS - DYNA、ABAQUS 及 SPEED 等。

AUTODYN 是一款功能强大的有限元仿真软件，自 20 世纪 80 年代开发至今，一直用于军事领域的研发设计，是国际军工领域使用最广泛的数值模拟软件之一。AUTODYN 集成了计算流体动力学、有限差分及有限元技术等多种处理技术，能够很好地模拟冲击/侵彻，战斗部设计及固体、流体、气体动力学等多种实际问题，在国防、航空航天、石油化工等诸多领域得到了广泛应用。

钨/多元非晶合金作为一种新型复合材料，表现出较好的力学特性。将其作为战斗部壳体、破片等，可有效提高毁伤效能，具有巨大的军用潜力。在新型材料工程化应用过程中，必须进行大量的试验研究，耗费巨大且周期长。采用试验与数值仿真相结合的手段能够更好地对材料的性能规律进行研究，能够提高研究的效率。数值仿真必须以材料模型为基础。本节主要对钨/多元非晶合金复合材料的模型进行讨论，并根据钨/多元非晶合金复合材料的准静/动态力学试验数据及等熵压缩试验结果，选择适合钨/多元非晶合金复合材料的状态方程、本构模型及失效模型，对其参数进行求解，构建钨/非晶合金复合材料的仿真模型，为其进一步应用仿真研究建立基础。

材料模型是描述材料在外界作用下响应特性所建立的数学模型，包括材料的状态方程、本构关系及失效模型三部分。目前常使用一维应变平面压缩的方法对材料的状态方程进行研究，主要试验方法包括斜波法、飞片加载法及近些年出现的磁驱动准等熵加载法。

5.3.1　参数设置及侵彻仿真模型构建

设置复合材料和装甲钢靶板的参数，建立复合材料破片侵彻装甲钢靶板的有限元模型。其中，装甲钢靶板直接选用材料库中现有材料 RHA（轧制均质装甲钢），复合材料破片使用第 3 章建立的材料模型。复合材料破片侵彻仿真试验材料模型参数如表 5 - 1 所示。

表 5－1 复合材料破片侵彻仿真试验材料模型参数

材料	A/MPa	B/MPa	n	C	m
钨/多元非晶合金	1 356	1 515	0.64	0.47	1.00
RHA	792	510	0.26	0.014	1.03
材料	$\rho_0/(\text{g}\cdot\text{cm}^{-3})$	$C_0/(\text{m}\cdot\text{s}^{-1})$	S_1	γ_0	
钨/多元非晶合金	14.286	3 417	1.732	1.91	
RHA	7.85	4 578	1.33	1.67	

使用 TrueGrid 软件建立复合材料破片的有限元模型，如图 5－3 所示。破片在单一方向上的节点数大于 10 个时，可以较为真实地反映侵彻情况；若单一方向的网格数目过多，则会影响仿真的速度。为了同时保证仿真的精度与速度，经多次仿真试验，最终选取破片单方向网格数为 14 个，破片的有限元数目共计2 744 个。考虑到破片侵彻靶板时的边界效应，靶板的大小必须满足要求。当靶板尺寸大于破片尺寸的 5 倍时，侵彻过程的边界效应可忽略不计。选择靶板半径为 40 mm，厚度为 10.5 mm。装甲钢靶板的有限元模型如图 5－4 所示。

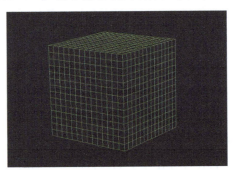

图 5－3 复合材料破片的有限元模型

图 5－4 装甲钢靶板的有限元模型

　　按照立方体破片冲击靶板时姿态的不同，可将着靶方式分为 3 种，分别为面着靶、边着靶及角着靶。不同着靶姿态下立方体破片的有限元模型如图 5 - 5 所示。

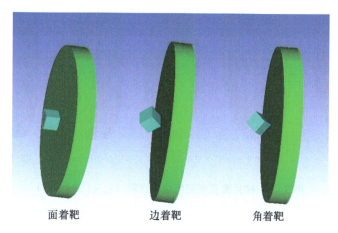

面着靶　　　　　　　边着靶　　　　　　　角着靶

图 5 - 5　不同着靶姿态下立方体破片的有限元模型

　　在 TrueGrid 软件中设置破片的初始侵彻条件，由弹道枪试验数据可知破片穿透 10.5 mm 厚装甲钢靶板的临界速度约为 966 m/s，因此，为了研究余速与着靶速度的关系，设置侵彻速度为 1 000 m/s，1 100 m/s，1 200 m/s，1 300 m/s，1 400 m/s，1 500 m/s，速度方向与靶面垂直并朝向靶板中心。

5.3.2　破片侵彻过程分析及材料模型验证

　　建立复合材料破片侵彻装甲钢靶板的有限元模型后，进行破片侵彻仿真试验，共有 3 种着靶姿态，冲击速度为 1 000 ~ 1 500 m/s。图 5 - 6 所示为破片在 1 500 m/s 的冲击速度下面侵彻靶板的过程。从图中可以看出，破片在 4.8×10^{-2} ms 内即完成了侵彻过程。在 $t = 1.4 \times 10^{-2}$ ms 时，破片已经完全侵入靶板，在正面穿孔边缘处可以看到由于反挤变形而形成的翻边，这与弹道枪试验的穿孔正面形态一致。在 $t = 2.4 \times 10^{-2}$ ms 时，靶板背面的凸起十分明显，破片的动能使靶板出现剪切冲塞破坏。在 $t = 3.6 \times 10^{-2}$ ms 时，冲塞体与靶板背面基本分离，背面穿孔翻边较为明显。在 $t = 4.76 \times 10^{-2}$ ms 时，冲塞体与破片一同飞出，破片的动能转化为侵彻冲塞过程消耗的能量以及破片和冲塞体穿透后飞行的动能。

　　破片角侵彻、边侵彻靶板的过程如图 5 - 7、图 5 - 8 所示。从图中可以看出，角侵彻、边侵彻的过程与面侵彻的过程较为相似，但破片穿透靶板时存在一定差异，在角侵彻与边侵彻的过程中未形成冲塞体，而是发生了延性破坏，破片直接穿透靶板飞出。

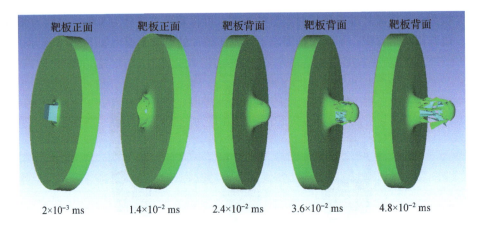

图 5 - 6　破片面侵彻靶板仿真过程（$v_0 = 1\ 500$ m/s）

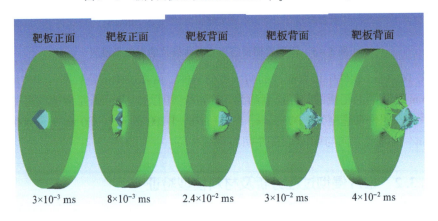

图 5 - 7　破片边侵彻靶板仿真过程（$v_0 = 1\ 500$ m/s）

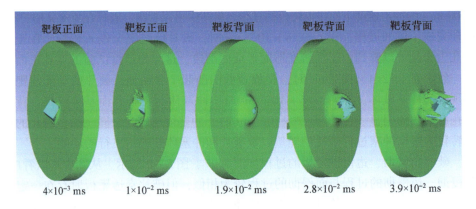

图 5 - 8　破片角侵彻靶板仿真过程（$v_0 = 1\ 500$ m/s）

　　破片穿透靶板瞬间靶板背面形态如图 5 – 9 所示，靶板背面压力云图如
图 5 – 10 ~ 图 5 – 12 所示。对比 3 种着靶姿态的靶板背面穿孔形态及压力云图可
以发现，在破片面侵彻过程中，靶板与破片接触面上所受压力最高，在接触面的
4 个角处首先发生应力集中，沿着接触面边缘断裂并形成冲塞体。角侵彻时，破
片与靶板接触的部分出现应力集中，靶板背面出现一个小孔，随后被扩大，破片
从孔中穿出。在边侵彻时，与靶板接触部分为破片的一条棱，背面出现一道狭长
裂缝，随机扩宽形成扁长的穿孔。

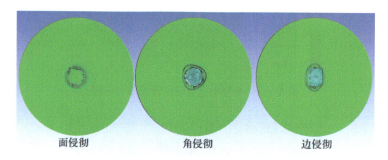

面侵彻　　　　　　　角侵彻　　　　　　　边侵彻

图 5 – 9　破片穿透靶板瞬间靶板背面形态

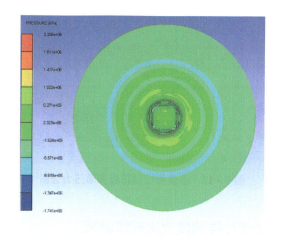

图 5 – 10　面侵彻过程靶板背面压力云图

　　选取 8#破片进行侵彻试验，侵彻速度为 1 295 m/s，余速为 317 m/s，8#破片
穿孔形状近似圆形，可知其着靶姿态应为面着靶。应用 8#破片侵彻试验数据对
破片侵彻仿真模型进行验证，所获得的时间 – 速度曲线如图 5 – 13 所示。从曲线
可以看出，破片的侵彻速度由 1 295 m/s 迅速下降后保持水平，表明破片穿透靶
板后以一定速度继续飞行，仿真余速为 291.3 m/s，两者误差为 8.11% < 10%。
因此，所建立的材料模型可以满足仿真试验要求。

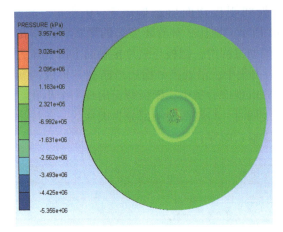

图 5 – 11　角侵彻过程靶板背面压力云图

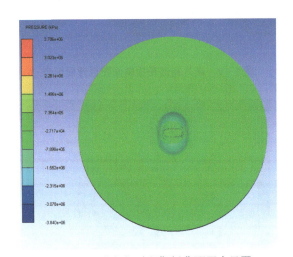

图 5 – 12　边侵彻过程靶板背面压力云图

5.3.3　破片侵彻过程速度变化规律研究

立方体破片以不同的着靶姿态对靶板进行侵彻时,侵彻速度的衰减规律不同。图 5 – 14 ~ 图 5 – 16 分别为破片面侵彻、角侵彻及边侵彻过程的时间 – 速度曲线。从曲线可以看出,曲线初期下降较快,随着时间的增加,曲线逐渐趋于平缓,最后变为保持水平;这说明破片在侵彻初期速度下降最快,随着侵彻深度的增大,速度衰减趋缓,穿透靶板后速度保持不变。以同一着靶姿态进行侵彻时,破片的初始速度越高,速度下降就越快,余速也就越高。对比不同着靶姿态的时

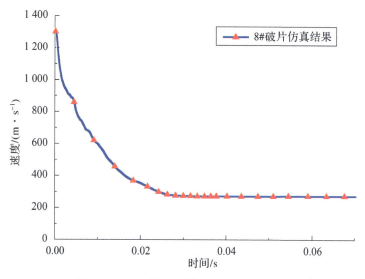

图 5 – 13　8#破片面着靶时间 – 速度曲线

间 – 速度曲线可以发现，面侵彻过程初期曲线较陡，速度随时间下降最快，说明在侵彻过程中破片受到的阻力最大，消耗的能量最多，侵彻效果最差。破片的初始速度为 1 000 m/s 时，速度降低至零，未能穿透靶板。角着靶、边着靶两种着靶姿态的侵彻效果较好。

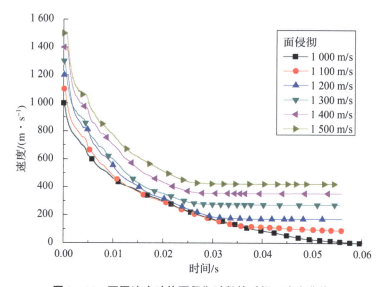

图 5 – 14　不同速度破片面侵彻过程的时间 – 速度曲线

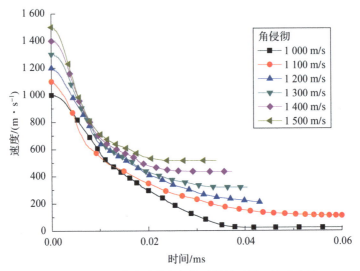

图 5 – 15   不同速度破片角侵彻过程的时间 – 速度曲线

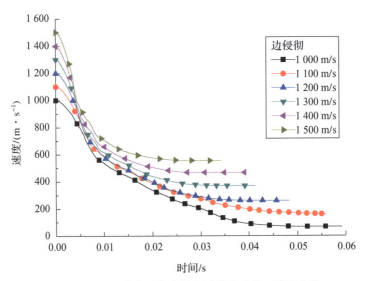

图 5 – 16   不同速度破片边侵彻过程的时间 – 速度曲线

为了更直观地比较 3 种着靶姿态的侵彻能力，根据 3 种着靶姿态的侵彻仿真结果以及弹道枪侵彻试验数据，绘制着靶速度 – 余速曲线，如图 5 – 17 所示。从图中可以看出，面着靶曲线位于其他 3 条曲线下方，说明以同等速度进行侵彻时，其余速最低；在破片的初始速度为 1 000 m/s 时，在面着靶方式下未能穿透靶板。首先，面着靶不利于在侵彻过程中形成应力集中，因此侵彻能力较差；其次，破片以面着靶姿态穿透靶板所形成的冲塞体与破片保持同一速度飞行，破片的动能除用于侵彻外，转化为侵彻体和自身的动能，飞行体总体质量增大，破片速度相对降低。

角着靶有利于应力集中，在初期侵彻过程中，侵彻效果较好，但随着侵彻的进行，破片中部的横向尺寸过大，且形状不利于侵彻的进行。综合来看，其整体侵彻效果不如边着靶。在 3 种着靶姿态中，边着靶侵彻效果最好，角着靶次之，面着靶侵彻效果最差。

与弹道枪试验结果进行对比，试验曲线在面着靶与边着靶两条曲线之间，与角着靶曲线接近重合，曲线一致性较好。在仿真试验中，刚好穿透 10.5 mm 厚装甲钢靶板的速度分别为 941 m/s，989 m/s，1 034 m/s，与试验曲线结果的最大误差为 7.04%，误差在 10% 以内，验证了试验曲线的正确性。由此可以得出结论，在一定的速度范围内，方形复合材料破片对靶板的着靶速度 – 余速关系近似呈线性，对于 10.5 mm 厚装甲钢靶板，着靶速度 – 余速关系可表示为 $v = 0.93v_0 - 898$。

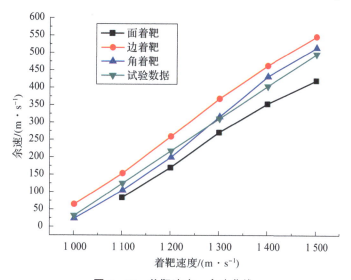

图 5 – 17　着靶速度 – 余速曲线

总结如下。

（1）复合材料破片具有较强的侵彻能力，穿透 10.5 mm 厚装甲钢靶板的着靶速度约为 966 m/s，余速与着靶速度在 900 ~ 1 500 m/s 范围内近似呈线性关系，关系表达式为 $v = 0.93v_0 - 898$。破片撞击靶板时发生释能反应，在侵彻及穿透靶板飞行的过程中，尾部拖着一条由碎片反应物形成的"尾巴"，整个反应过程持续约十数毫秒。

（2）复合材料破片侵彻靶板的穿孔，与钨合金破片侵彻靶板的穿孔有明显区别。钨合金破片的穿孔平滑明亮，有一定的金属光泽，复合材料破片的穿孔在周向上比较粗糙，颜色较暗，且烧蚀现象明显。对未穿透的弹坑进行观察可知，破片速度较低时的弹坑有蓝紫色烧蚀痕迹，而高速破片侵彻留下的弹坑颜色发黑，烧蚀严重。低速破片的碎裂程度较低，与空气接触不完全，发生反应不彻底且反应物多为金属间化合；高速破片撞击时反应剧烈，与氧气接触面积大，反应更加充分，发出的光芒更加明亮。

（3）构建破片侵彻装甲钢靶板仿真模型，对立方体破片在不同着靶姿态下的侵彻性能进行研究。结果表明，边着靶侵彻效果最好，角着靶次之，面着靶侵彻效果最差；面着靶侵彻过程中形成冲塞体，属于典型的冲塞破坏模式，边着靶、角着靶侵彻过程为延性破坏模式。

第6章
复合材料爆炸完整性

6.1　测试战斗部

测试战斗部主要由 8 号电雷管、端盖、起爆药、炸药药片（改性 B 炸药）、战斗部壳体、底盖、测试破片等组成，炸药药片根据测试破片初始速度的要求，可进行增减。测试战斗部结构示意如图 6 – 1 所示。

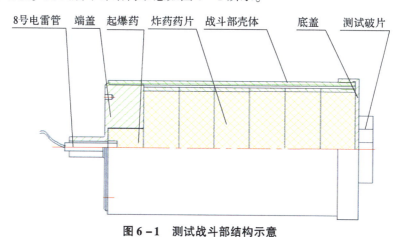

8号电雷管　端盖　起爆药　炸药药片　战斗部壳体　　底盖　测试破片

图 6 – 1　测试战斗部结构示意

破片排列示意如图6-2所示，测试战斗部状态图6-3所示。

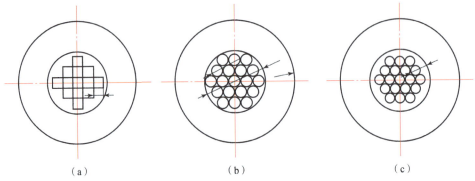

（a） （b） （c）

图6-2 破片排列示意

（a）立方体破片排列；（b）球体破片排列；（c）圆柱体破片排列

图6-3 测试战斗部状态

测试战斗部及破片主要技术参数如表6-1所示。

表6-1 测试战斗部及破片主要技术参数

弹号	装药质量 /g	破片类型	破片规格 /mm	破片数量 /枚	破片密度 /(g·cm⁻³)	单枚破片质量 /g
1#	0.232	球体（强侵）	φ9.5	19	12	5.45
2#	0.116	球体（强侵）	φ9.5	19	12	5.45
3#	0.232	球体（强侵）	φ9.5	19	12	5.45
4#	0.116	圆柱体（强侵）	φ8.2×8.2	19	14.5	6.4
5#	0.116	圆柱体（强侵）	φ8.2×8.2	19	14.5	6.4

续表

弹号	装药质量/g	破片类型	破片规格/mm	破片数量/枚	破片密度/(g·cm⁻³)	单枚破片质量/g
6#	0.116	圆柱体（强侵）	φ8.2×8.2	19	14.5	6.4
7#	0.116	立方体（强侵）	8×8×7	13	16.5	7.6（超重）
8#	0.116	立方体（强侵）	8×8×7	13	16.5	7
9#	0.232	立方体（强侵）	8×8×7	13	16.5	7
10#	0.464	155 预制	8.3×8.3×7.3	13	18.12	8～8.2
11#	0.232	155 预制	8.3×8.3×7.3	13	18.12	8～8.2
12#	0.464	155 预制	8.3×8.3×7.3	13	18.12	8～8.2
13#	0.580	155 预制	8.3×8.3×7.3	13	18.12	8～8.2
14#	0.116	155 预制	8.3×8.3×7.3	13	18.12	8～8.2
15#	0.464	155 预制	8.3×8.3×7.3	13	18.12	8～8.2
16#	0.348	155 预制	8.3×8.3×7.3	13	18.12	8～8.2
17#	0.348	圆柱体（强侵）	φ8.2×8.2	19	14.5	6.4
18#	0.348	圆柱体（强侵）	φ8.2×8.2	19	14.5	6.4
19#	0.348	立方体（强侵）	8×8×7	13	16.5	7
20#	0.348	立方体（强侵）	8×8×7	13	16.5	7

6.2　试验测试

（1）破片回收试验：考核爆轰加载情况下，强侵彻破片的质量损失，并与 155 预制破片在同等爆轰条件下进行破片质量损失对比。

（2）破片侵彻试验：考核强侵彻破片侵彻 12 mm 厚 Q235 钢靶板的效能，并与 155 预制破片在同等爆轰条件下进行侵彻对比。

6.2.1　试验要求

试验平面布置如图 6-4、图 6-5 所示，试验现场布置如图 6-6 所示。

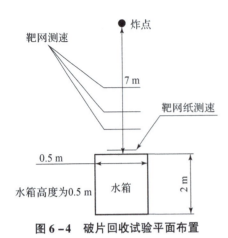

图 6-4 破片回收试验平面布置

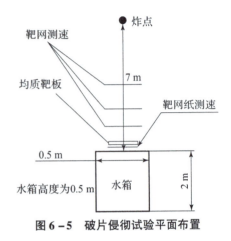

图 6-5 破片侵彻试验平面布置

图 6-6 试验现场布置

立靶水平线布置如图 6-7 所示。测试战斗部可用 8 号线拉紧固定于立弹架上，立弹架平面需用水平尺校正水平，测试战斗部平面纵轴方向用水平尺校正垂直，要求测试战斗部与水箱高度的平分线位于同一水平面上且正对水箱平面（单个水箱尺寸规格为 0.5 m×0.5 m×0.5 m，回收箱由 4 个水箱组合而成）。

试验用靶网纸尺寸为 350 mm×350 mm，靶网纸中心与试验装置破片平面在同一水平面上且对正。

将靶网银丝线按图 6-8 所示绕制，线间距离应不大于 3 mm，用透明胶带纸将线固定在坐标纸上，用电流表检测线路是否通畅。

将 12 mm 靶板放置于距测试战斗部爆心 6~10 m（根据试验情况确定具体靶距）处，靶板中心与测试战斗部爆心在同一水平面内。

起爆后，对水箱中的破片进行回收，回收后对破片进行质量及外观测量检验。

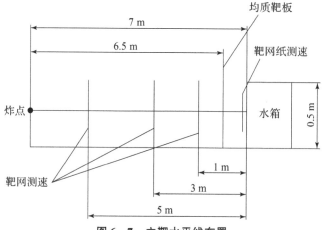

图 6 – 7　立靶水平线布置

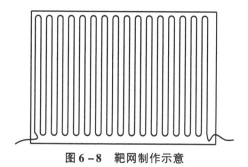

图 6 – 8　靶网制作示意

6.2.2　试验测试数据分析

6.2.2.1　回收破片质量对比分析

1. 水回收试验

对 3 种形状的强侵彻破片与 155 mm 预制破片在 0.116 kg 装药爆轰的情况下进行破片回收及质量对比。具体试验数据如表 6 – 2 ~ 表 6 – 5 所示；回收破片照片如图 6 – 9 ~ 图 6 – 12 所示。

表 6 – 2　球体破片参数

弹号	装药质量 /kg	破片 类型	破片数量 /枚	测试速度 /(m·s⁻¹)	单枚破片质量 /g	回收破片质量 /g
2#	0.116	球体	19	1 506	5.45	5.4

图 6 - 9   回收 2#球体破片照片

表 6 - 3   圆柱体破片参数

弹号	装药质量 /kg	破片类型	破片数量 /枚	测试速度 /(m · s⁻¹)	单枚破片质量 /g	回收破片质量 /g
4#	0.116	圆柱体	19	1 700	6.4（缺陷）	2.8、3.2、6.2

图 6 - 10   回收 4#圆柱体破片照片

表 6 - 4   立方体破片参数

弹号	装药质量 /kg	破片类型	破片数量 /枚	测试速度 /(m · s⁻¹)	单枚破片质量 /g	回收破片质量 /g
8#	0.116	正方体	13	1 755	7	7

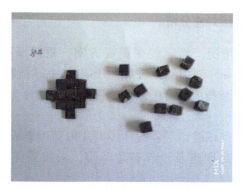

图 6 - 11 回收 8#立方体破片照片

表 6 - 5 155 mm 预制破片参数

弹号	装药质量 /kg	破片 类型	破片数量 /枚	速度/ ($m·s^{-1}$)	单枚破片质量 /g	回收破片质量 /g
14#	0.116	155 mm 预制 （钨合金）	13	1 702	8~8.2	8、7.7

图 6 - 12 回收 155 mm 预制破片照片

2. 回收破片质量对比分析

在水回收试验中，测试战斗部状态一致，破片初始速度相近，其中：球体及立方体强侵彻回收破片完整，未发现溃碎变形，质量无损失；圆柱体强侵破片出现溃碎、断裂；155 mm 预制破片出现少许形变，形变量为 0.1~0.2，质量无明显损失。

3. 结论

通过回收破片质量对比分析可知，球体、立方体强侵彻破片与 155 mm 预制破片均无质量损失，立方体强侵彻破片形变小，抗爆炸冲击能力略优于 155 mm 预制破片。

6.2.2.2 侵彻靶板对比分析

根据水回收试验情况，确定侵彻靶板方案，靶板厚度为 12 mm，材料为 Q235 钢，靶距为 6.5 m。其中测试破片为 16#155 mm 预制破片、17#圆柱体破片、19#立方体破片，装药质量为 0.348 g；另一测试破片为 3#球体破片，装药质量为 0.232 g。

17#圆柱体破片侵彻试验结果：圆柱体破片未穿透靶板，破片侵彻靶板后溃碎，靶板上有很浅破片印痕及溃碎破片印痕，未找到完整破片，如图 6 – 13 所示。

图 6 – 13　17#圆柱体破片侵彻印痕

16#155 mm 预制破片侵彻试验结果：155 mm 预制破片未穿透靶板，破片镶嵌于靶板表面，嵌入深度约为 7 mm，镶嵌破片凸出靶板表面，破片完整，如图 6 – 14 所示。

图 6 – 14　16#155 mm 预制破片侵彻印痕

3#球体破片侵彻试验结果：球体破片未穿透靶板，靶板印痕大于破片球径，破片溃碎，且有明显的燃烧痕迹，具有侵彻燃烧后效，如图 6 – 15、图 6 – 16 所示。

图 6-15　回收的 3#球体破片

图 6-16　16#球体破片侵彻印痕

19#立方体破片侵彻试验结果：立方体破片未穿透靶板，破片镶嵌于靶板表面，嵌入深度约为 10 mm，靶板背面有明显隆起，且破片有明显的燃烧痕迹，具有侵彻燃烧后效，破片完整，如图 6-17、图 6-18 所示。

图 6-17　19#立方体破片侵彻印痕

图 6-18　19#立方体破片侵彻靶板背面印痕

6.2.2.3　破片初始速度测试分析

试验时，对不同装药战斗部进行初始速度测试，如表 6-6 所示。

表 6-6　初始速度测试数据

弹号	装药质量/kg	速度/($m \cdot s^{-1}$)	计算速度/($m \cdot s^{-1}$)
14#	0.116	1 702	1 680
3#	0.232	1 724	1 980
16#	0.348	2 629	2 300
15#	0.464	2 520~3 230	2 560
13#	0.580	2 583	2 886

为了便于破片回收，靶网距离爆心很近，不能有效避开爆轰产物对初始速度测试的影响，另外，试验样本量少，初始速度计算无法采用加权计算，只能是根据距离进行平均估算，因此，初始速度值跳动量较大。

试验表明：圆柱体破片出现溃碎，强度低，建议改进；强侵彻破片有燃烧后效；155 mm 预制破片、立方体破片侵彻完整性能较好，从侵彻效果分析，立方体破片优于 155 mm 预制破片；另外，强侵彻破片与 155 mm 预制破片质量应该相同，以使试验对比数据更有效。

6.3 数值模型

对战斗部爆炸侵彻过程分两步进行仿真分析。第一步：主要分析炸药起爆后，战斗部爆炸破裂的破片场飞散特性。第二步：主要分析战斗部爆炸后破片侵彻靶板的过程。

模型采用整体建模，为了保证计算结果的精度和提高计算速度，模型中的单元主要为六面体单元，单元尺寸为 1 mm。

战斗部爆炸过程的有限元示意如图 6 – 19 所示，模型中共有 1 204 620 个单元、1 247 616 个节点。爆炸后的圆柱体、球体、长方体破片面侵彻靶板的有限元示意如图 6 – 20 ~ 图 6 – 22 所示，建模时采用 cm – g – μs 单位制，计算方法采用多物质 ALE 流固耦合方法。

图 6 – 19 战斗部爆炸过程的有限元示意

图 6 - 20　圆柱体破片侵彻靶板有限元示意

图 6 - 21　球体破片侵彻靶板有限元示意

图 6 - 22　立方体破片侵彻靶板有限元示意

战斗部结构材料主要包括聚奥炸药、空气、非晶合金。其中，聚奥炸药采用 HIGH_EXPLOSIVE_BURN 模型及 JWL 状态方程。其具体参数如表 6 - 7 所示。

表 6 - 7　聚奥炸药材料参数

符号	含义	数值
P	密度/$(g \cdot cm^{-3})$	1.86
D	爆速/$(m \cdot s^{-1})$	0.886 2
P_{CJ}	压力/MPa	0.32
A	材料常数	34.48
B	材料常数	0.057

续表

符号	含义	数值
R_1	材料常数	4.26
R_2	材料常数	1.1
W	材料常数	0.36
E_0	初始比内能/$(\text{J} \cdot \text{g}^{-1})$	0.09
V_0	相对体积	1.0

空气采用 NULL 材料模型以及 LINER_POLYNOMIAL 状态方程。具体参数如表 6-8 所示。

表 6-8　空气材料参数

符号	含义	数值
ρ	密度/$(\text{g} \cdot \text{cm}^{-3})$	0.001 292 9
C_0	材料常数	0
C_1	材料常数	0
C_2	材料常数	0
C_3	材料常数	0
C_4	材料常数	0.4
C_5	材料常数	0.5
C_6	材料常数	0
E_0	初始比内能/$(\text{J} \cdot \text{g}^{-1})$	2.5e-6
V_0	相对体积	1.0

非晶合金破片采用 PLASTIC_KINEMATIC 本构模型。具体参数如表 6-9 所示。

表 6-9　非晶合金

材料	密度/$(\text{g} \cdot \text{cm}^{-3})$	弹性模量/MPa	泊松比	失效应变	屈服强度/MPa
非晶合金	13.9	350 000	0.22	2	1 100

进行爆炸分析时，在空气域的边界面上施加无反射边界条件。将起爆点设置为炸药头部端面中心点，计算时间为 150 μs。

进行飞散破片侵彻靶板分析时，在破片与靶板之间施加侵蚀自动面面接触（ERRODING – SURFACE_TO_SURFACE），在破片与破片之间施加自接触（AUTOMATIC – SINGLE – SURFACE）

6.4　立方体破片仿真

6.4.1　破片各时刻飞散状态

为了更直观地观察壳体及破片飞散状况，只对壳体及破片部分进行显示，将其他部分隐藏，由不同时刻破片的飞散状态可以看出，炸药爆炸后，炸药从起爆点开始以球形波的形式向外传播，随着爆炸的进行，在 15 μs 时爆炸波传到端盖及破片处，破片在爆炸波的作用下飞出（图 6 – 23）。

从破片各时刻的飞散状态可以看出，破片在自身在不平衡载荷作用下旋转飞出，且在各位置破片速度有差异，其中处于中间位置的破片速度最高，周围破片速度稍低。在爆炸驱动下，破片没有发生破裂。

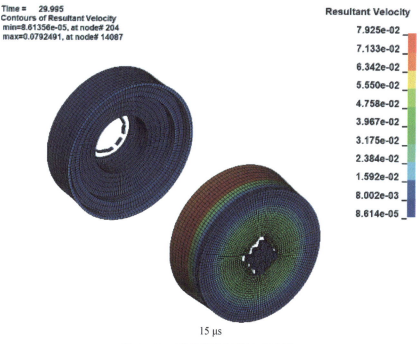

15 μs

图 6 – 23　破片各时刻的速度云图

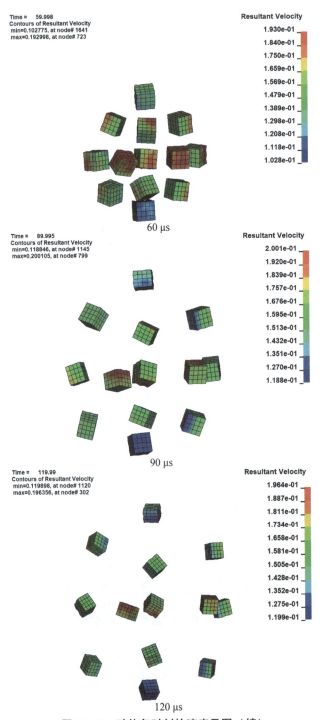

图 6 – 23   破片各时刻的速度云图（续）

6.4.2　破片速度分析

　　为了分析出不同位置破片的速度，选取图 6 - 24 所示破片来分析其速度和飞散角，再对图中破片依次进行编号（1 ~ 13）来分析各位置破片的飞散状况。

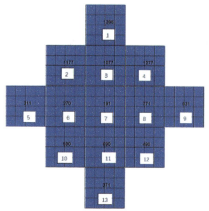

图 6 - 24　起爆时选取的部分破片位置

　　利用 LS - PREPOST 绘制位置 1 ~ 13 处破片的速度随时间变化的曲线，如图 6 - 25 所示。从图中可以明显看出，破片速度均在 60 μs 左右稳定下来，速度不再升高，破片速度的最高值约为 1 800 m/s。

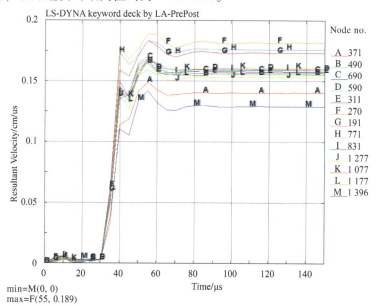

图 6 - 25　破片的时间 - 速度曲线

利用 LS – PREPOST 提取图 6 – 25 中破片在 150 μs 时各方向的分速度值，利用分速度与合速度的关系，可计算得到破片的飞散角。表 6 – 10 所示为位置 1 ~ 13 处破片速度及飞散角数据。从表中可以看出破片速度的最高值为 1 818 m/s，位于中间位置。周围破片速度稍低，飞散角集中在 80°~ 90° 范围内。在爆炸驱动下，破片没有发生破裂。

表 6 – 10 破片速度、飞散角数据

编号	v_r/(m·s^{-1})	飞散角/(°)	破片位置
1	1 400	87.1	1
2	1 558	79.8	9
3	1 579	89.8	2
4	1 591	78.6	4
5	1 572	80.0	10
6	1 818	84.1	7（中间位置）
7	1 735	87.8	6
8	1 762	84.9	8
9	1 592	79.6	3
10	1 531	78.3	12
11	1 604	89.0	11
12	1 554	79.17	5
13	1 293	86.2	13

试验中此种工况下破片的最高速度为 1 755 m/s，仿真分析结果与试验结果接近。

6.4.3 冲击侵彻靶板过程分析

选取速度最高的破片分析面侵彻过程，即破片着靶速度为 1 800 m/s。分析破片着靶初始及破片速度降为零时刻破片及靶板的应力、应变。图 6 – 26 ~ 图 6 – 29 所示分别为 2 μs，6 μs，10 μs，20 μs 时破片侵彻靶板的应力、应变云图。

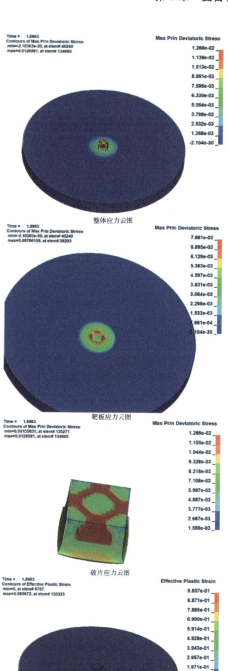

图 6 – 26　2 μs 时破片侵彻靶板的应力、应变云图

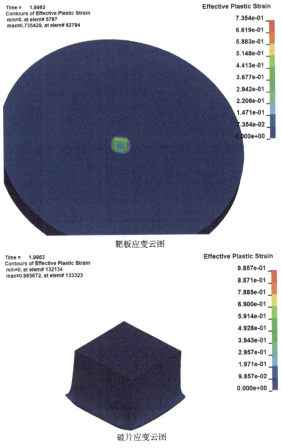

靠板应变云图

破片应变云图

图 6 - 26 2 μs 时破片侵彻靶板的应力、应变云图（续）

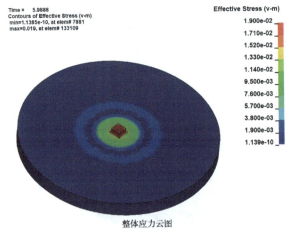

整体应力云图

图 6 - 27 6 μs 时破片侵彻靶板的应力、应变云图

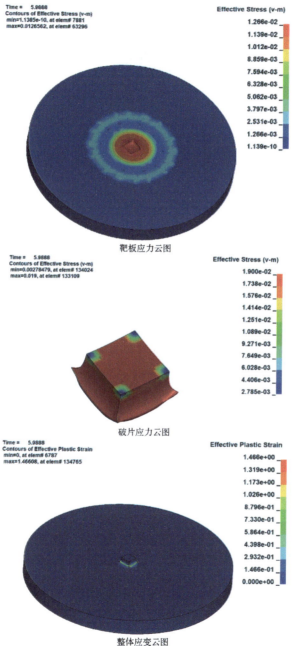

靶板应力云图

破片应力云图

整体应变云图

图 6 - 27　6 μs 时破片侵彻靶板的应力、应变云图（续）

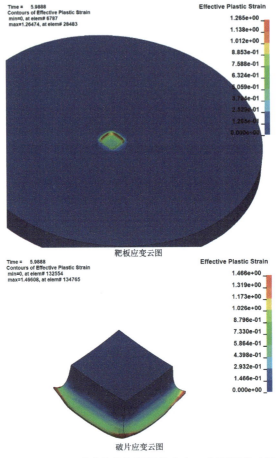

图 6 – 27　6 μs 时破片侵彻靶板的应力、应变云图（续）

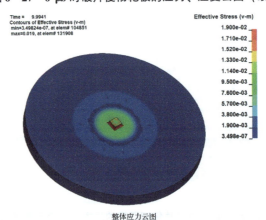

图 6 – 28　10 μs 时破片侵彻靶板的应力、应变云图

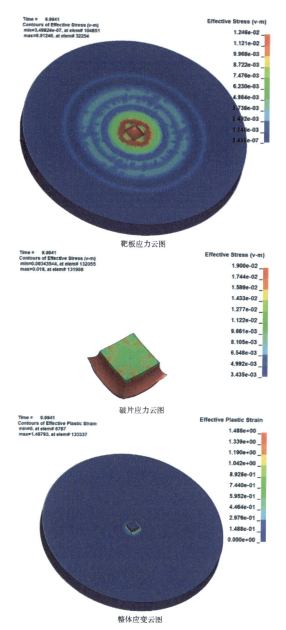

图 6 - 28　10 μs 时破片侵彻靶板的应力、应变云图（续）

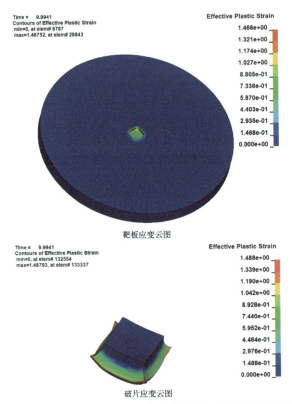

图 6 – 28　10 μs 时破片侵彻靶板的应力、应变云图（续）

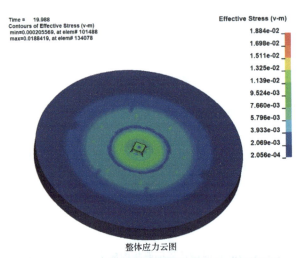

图 6 – 29　20 μs 时破片侵彻靶板的应力、应变云图

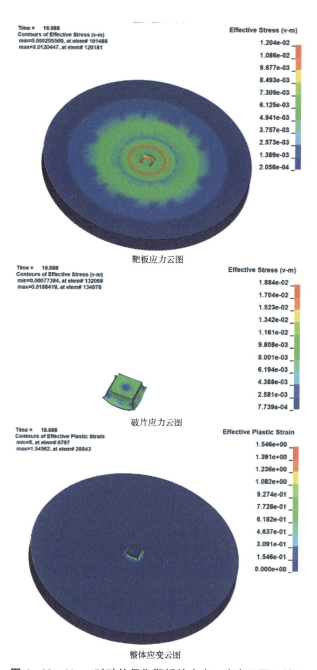

靶板应力云图

破片应力云图

整体应变云图

图 6 – 29　20 μs 时破片侵彻靶板的应力、应变云图（续）

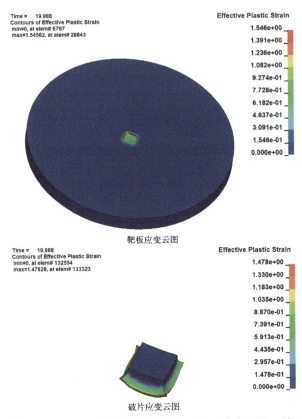

图 6 - 29　20 μs 时破片侵彻靶板的应力、应变云图（续）

从以上云图可以看出破片未击穿靶板，破片在着靶过程中发生较大的变形，但未发生破裂，靶板在破片冲击载荷作用下局部发生破坏，且凹坑较大，其中仿真结果中破片的变形比试验中破片的变形稍大，破片侵彻靶板的仿真结果与试验结果基本一致。

6.5　球体破片仿真

6.5.1　破片各时刻飞散状态

为了更直观地观察壳体及破片飞散状况，只对壳体及破片部分进行显示，将其他部分隐藏，由不同时刻破片的飞散状态可以看出，炸药爆炸后，炸药从起爆点开始以球形波的形式向外传播，随着爆炸的进行，在 15 μs 时爆炸波传到端盖及破片处，破片在爆炸波的作用下飞出（图 6 – 30）。

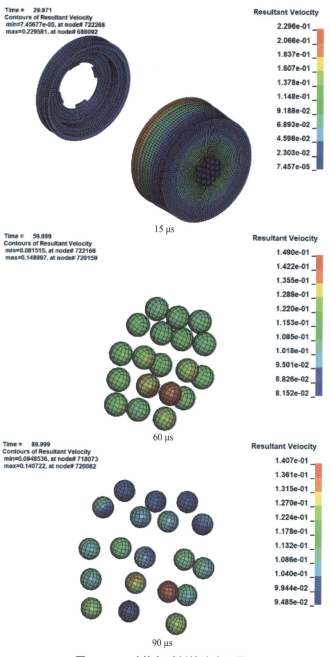

图 6 – 30　破片各时刻的速度云图

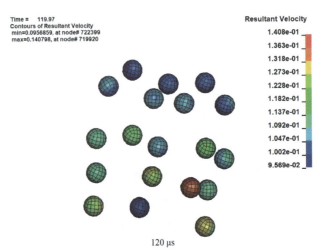

120 μs

图6-30 破片各时刻的速度云图（续）

从破片各时刻的飞散状态可以看出，破片在自身在不平衡载荷作用下旋转飞出，且各位置破片速度有差异。

6.5.2 破片速度分析

为了分析出不同位置破片的速度，选取图6-31所示破片来分析其速度和飞散角，再对图中破片依次进行编号（1~19）来分析各位置破片的飞散状况。

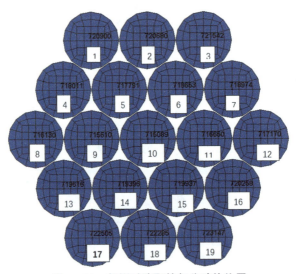

图6-31 起爆时选取的部分破片位置

利用 LS – PREPOST 绘制位置 1 ~ 19 处破片的速度随时间变化的曲线，如图 6 – 32 所示。从图中可以明显看出，破片速度均在 60 μs 左右稳定下来，速度不再升高，破片速度的最高值约为 1 400 m/s。

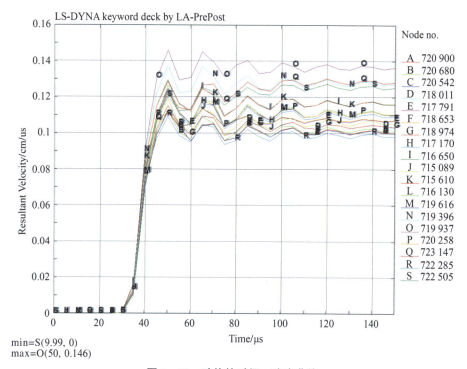

min=S(9.99, 0)
max=O(50, 0.146)

图 6 – 32　破片的时间 – 速度曲线

利用 LS – PREPOST 提取图 6 – 32 中破片在 150 μs 时各方向的分速度值，利用分速度与合速度的关系，可计算得到破片的飞散角。表 6 – 11 所示为位置 1 ~ 19 处破片速度及飞散角数据。从表中可以看出破片速度的最高值为 1 364 m/s，位于中间位置。周围破片速度稍低，飞散角集中在 80° ~ 90° 范围内。在爆炸驱动下，破片没有发生破裂。

表 6 – 11　破片速度、飞散角数据表

编号	$v_r/(\mathrm{m \cdot s^{-1}})$	飞散角/(°)
1	1 004	83. 1
2	1 013	89. 8
3	1 001	83. 4
4	1 035	78. 8

编号	$v_r/(\text{m} \cdot \text{s}^{-1})$	飞散角/(°)
5	1 071	88.0
6	1 074	88.0
7	1 034	78.5
8	1 090	80.3
9	1 162	83.7
10	1 051	89.8
11	1 160	84.5
12	1 104	80.5
13	1 102	80.3
14	1 275	88.3
15	1 364	87.4
16	1 103	80.5
17	1 282	77.4
18	983	88.7
19	1 253	77.0

对比球体破片与立方体破片爆炸后的速度可知，相同质量的破片，爆炸后球体破片的速度低于立方体破片的速度。

试验中此种工况下破片的最高速度为 1 500 m/s，仿真分析结果与试验结果接近。

6.5.3　冲击侵彻靶板过程分析

选取速度最高的破片分析面侵彻过程，即破片着靶速度为 1 364 m/s。分析破片着靶初始及破片速度降为零时刻破片及靶板的应力、应变。图 6-33 ～图 6-36 所示分别为 2 μs，6 μs，10 μs，20 μs 时破片侵彻靶板的应力、应变云图。

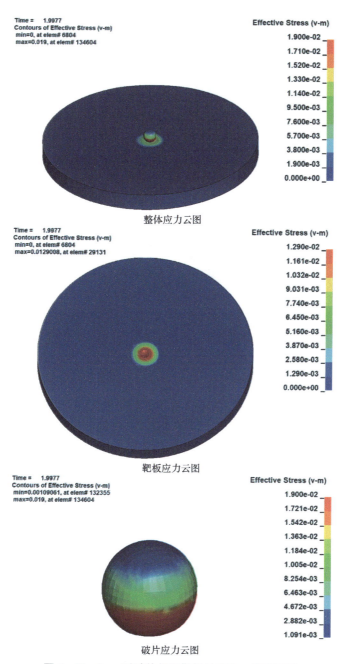

图 6 – 33　2 μs 时破片侵彻靶板的应力、应变云图

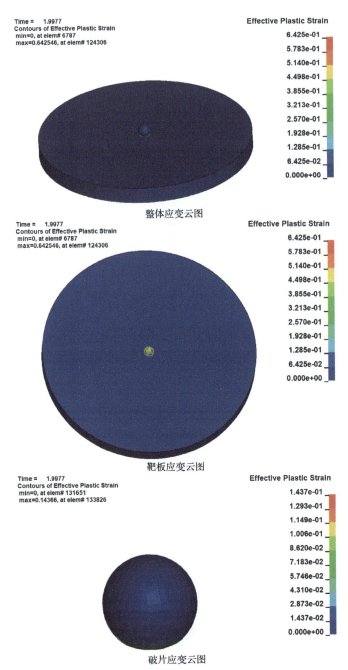

图 6-33 2 μs 时破片侵彻靶板的应力、应变云图（续）

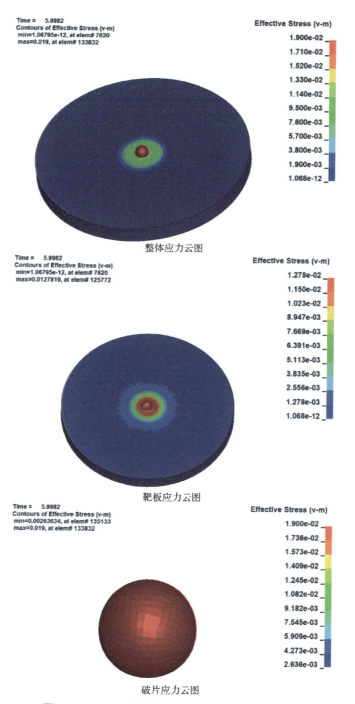

图 6 – 34　6 μs 时破片侵彻靶板的应力、应变云图

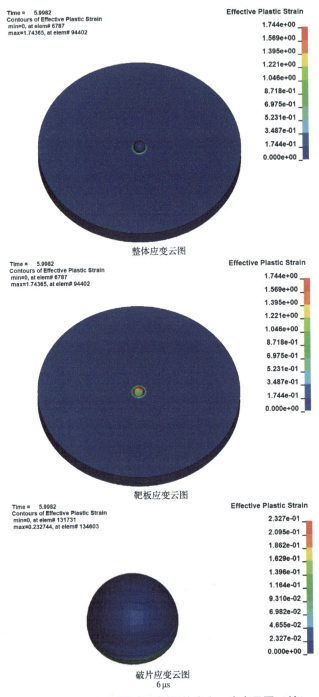

整体应变云图

靶板应变云图

破片应变云图
6 μs

图 6 – 34 6 μs 时破片侵彻靶板的应力、应变云图（续）

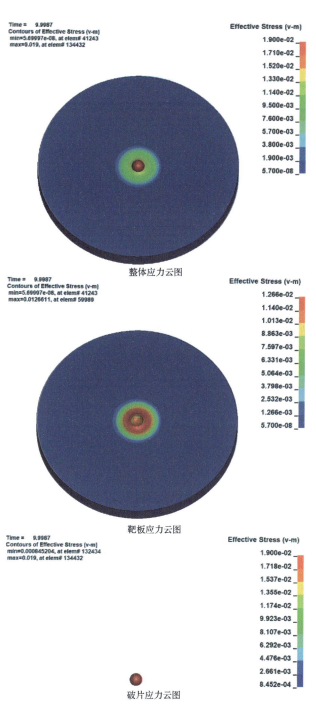

图 6 - 35 10 μs 时破片侵彻靶板的应力、应变云图

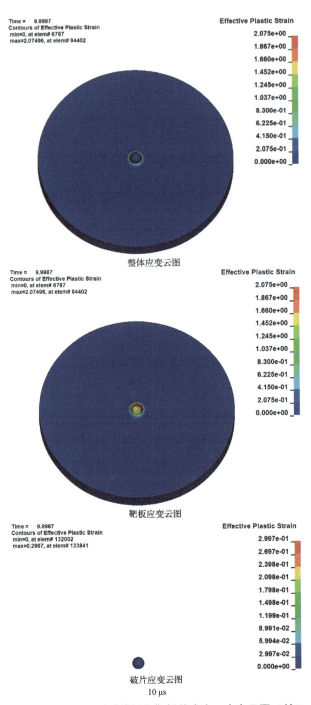

整体应变云图

靶板应变云图

破片应变云图

10 μs

图 6-35 10 μs 时破片侵彻靶板的应力、应变云图（续）

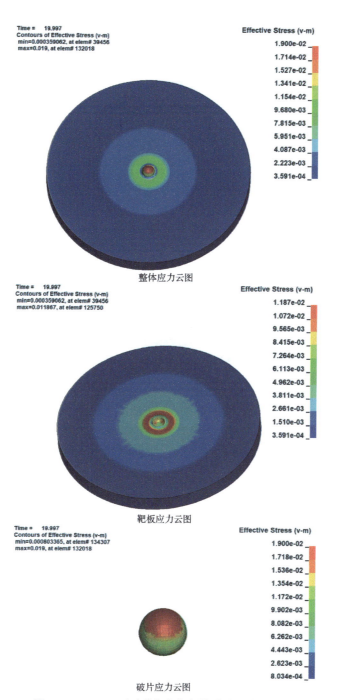

图 6 – 36 20 μs 时破片侵彻靶板的应力、应变云图

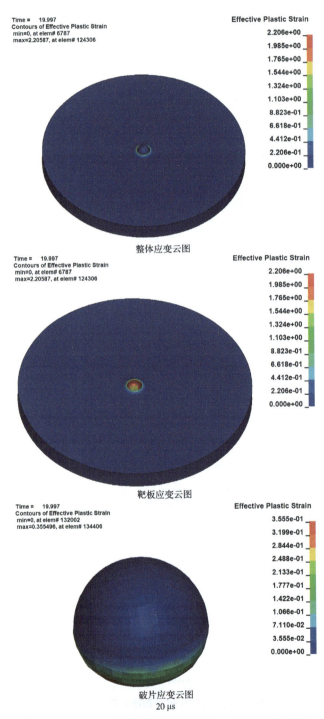

整体应变云图

靶板应变云图

破片应变云图
20 μs

图 6 - 36　20 μs 时破片侵彻靶板的应力、应变云图（续）

从以上云图可以看出破片未击穿靶板，破片在着靶过程中发生的变形较小，靶板在破片冲击载荷作用下局部发生破坏，且凹坑不大，其中仿真结果中破片的变形与试验中破片的变形相近，破片侵彻靶板的仿真结果与试验结果基本一致。

6.6　圆柱体破片仿真

6.6.1　破片各时刻飞散状态

为了更直观地观察壳体及破片飞散状况，只对壳体及破片部分进行显示，将其他部分隐藏，由不同时刻破片的飞散状态可以看出，炸药爆炸后，炸药从起爆点开始以球形波的形式向外传播，随着爆炸的进行，在 30 μs 时爆炸波传到端盖及破片处，破片在爆炸波的作用下飞出（图 6 – 37）。

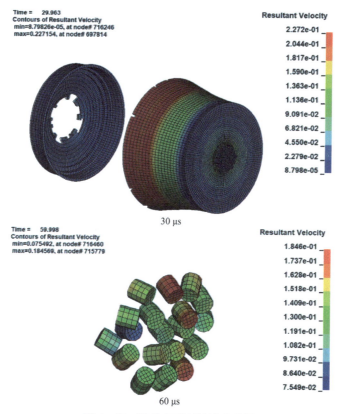

图 6 – 37　破片各时刻的速度云图

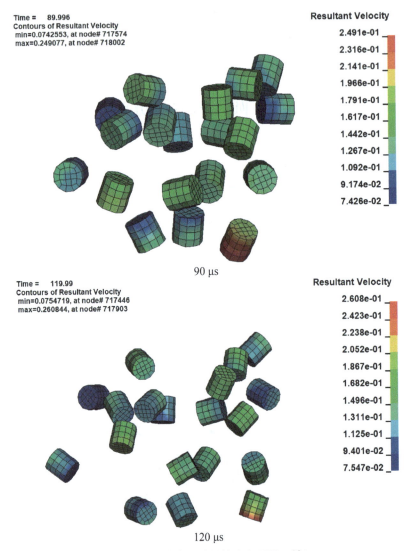

图 6 - 37　破片各时刻的速度云图（续）

从破片各时刻的飞散状态可以看出，破片在自身在不平衡载荷作用下旋转飞出，且各位置破片速度有差异。在爆炸驱动下，破片没有发生破裂。

6.6.2　破片速度分析

为了分析出不同位置破片的速度，选取图 6 - 38 所示破片来分析其速度和飞散角，再对图中破片依次进行编号（1~19）来分析各位置破片的飞散状况。

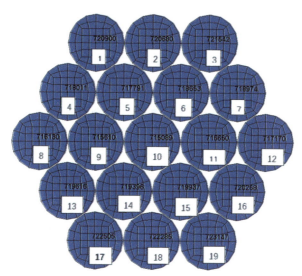

图 6 – 38　起爆时选取的部分破片位置

利用 LS – PREPOST 绘制位置 1 ~ 19 处破片的速度随时间变化的曲线，如图 6 – 39 所示。从图中可以明显看出，破片速度均在 60 μs 左右稳定下来，速度不再升高，破片速度的最高值约为 1 650 m/s。

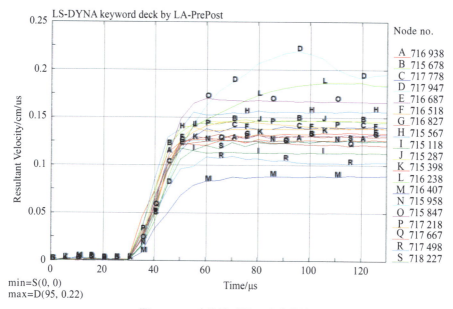

图 6 – 39　破片的时间 – 速度曲线

利用 LS – PREPOST 提取图 6 – 39 中破片在 150 μs 时各方向的分速度值，利用分速度与合速度的关系，可计算得到破片的飞散角。表 6 – 12 所示为位置 1 ~

19 处破片速度及飞散角数据。从表中可以看出破片速度的最高值为 1 663 m/s，位于中间位置。周围破片速度稍低，飞散角集中在 80°~90° 范围内。试验中此种工况下破片的最高速度为 1 700 m/s，在爆炸驱动下，破片没有发生破裂，仿真分析结果与试验结果接近。

表 6 – 12   破片速度、飞散角数据

编号	v_r /(m·s⁻¹)	飞散角/(°)
1	1 262	79
2	1 452	85
3	1 400	86
4	1 960（异常）	86
5	1 322	82
6	1 386	88
7	1 303	87
8	1 565	87
9	1 129	89
10	1 464	89
11	1 337	83
12	1 839（异常）	75
13	892（异常）	87
14	1 259	89
15	1 663	86
16	1 386	85
17	1 208	89
18	1 033	74
19	1 257	85

6.6.3 冲击侵彻靶板过程分析

选取速度最高的破片分析面侵彻过程，即破片着靶速度为 1 650 m/s。分析

破片着靶初始及破片速度降为零时刻破片及靶板的应力、应变。图 6 - 40 ~
图 6 - 43 所示分别为 2 μs，6 μs，10 μs，20 μs 时破片侵彻靶板的应力、应变
云图。

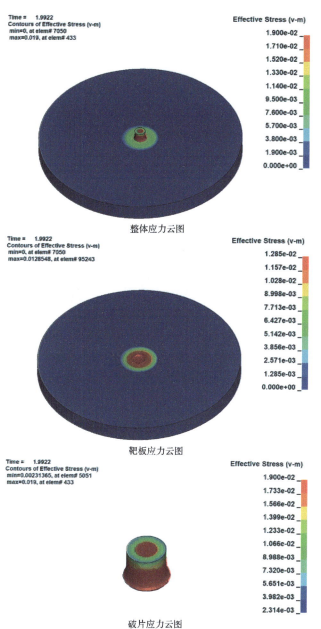

图 6 - 40　2 μs 时破片侵彻靶板的应力、应变云图

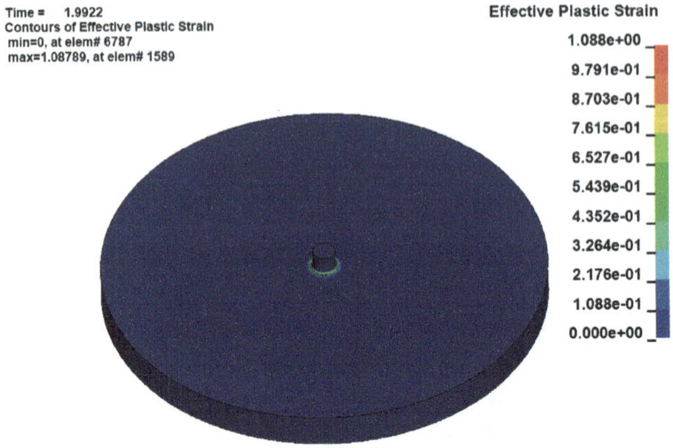

整体应变云图

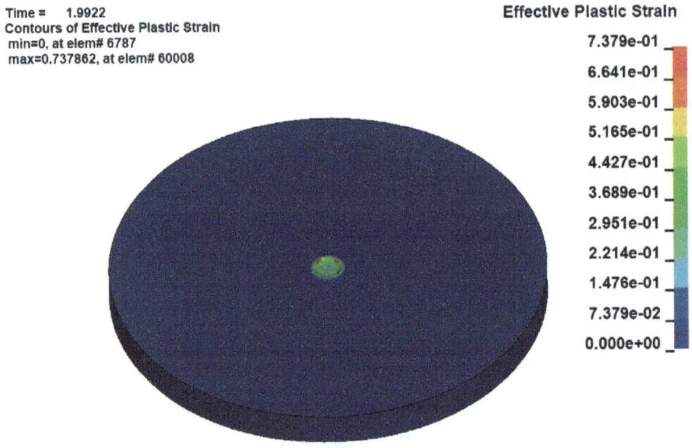

靶板应变云图

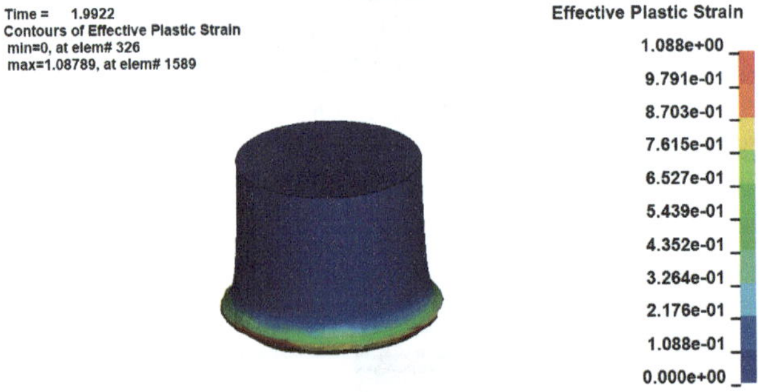

破片应变云图

图 6-40   2 μs 时破片侵彻靶板的应力、应变云图（续）

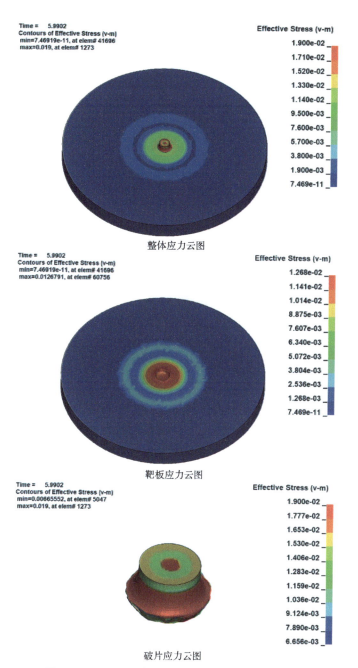

图 6 – 41　6 μs 时破片侵彻靶板的应力、应变云图

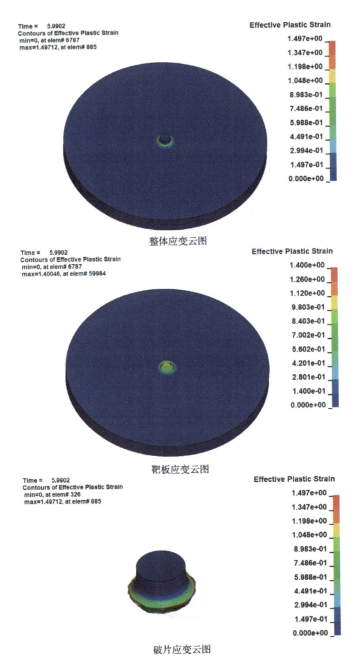

整体应变云图

靶板应变云图

破片应变云图

图 6-41 6 μs 时破片侵彻靶板的应力、应变云图（续）

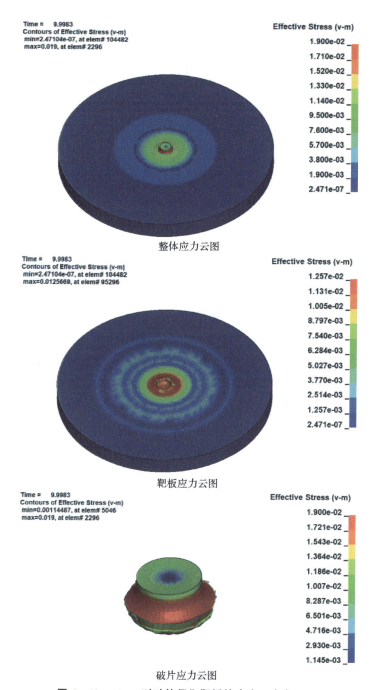

整体应力云图

靶板应力云图

破片应力云图

图 6 - 42　10 μs 时破片侵彻靶板的应力、应变云图

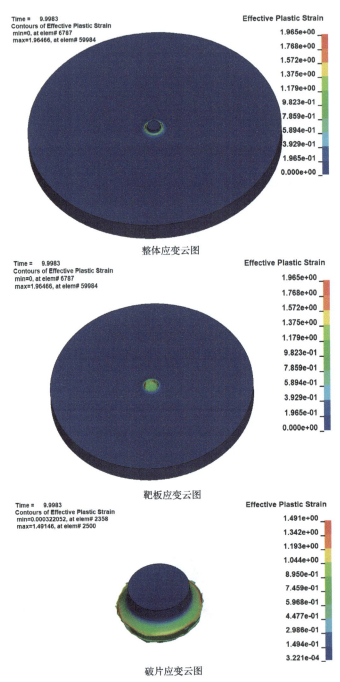

整体应变云图

靶板应变云图

破片应变云图

图 6 - 42　10 μs 时破片侵彻靶板的应力、应变云图（续）

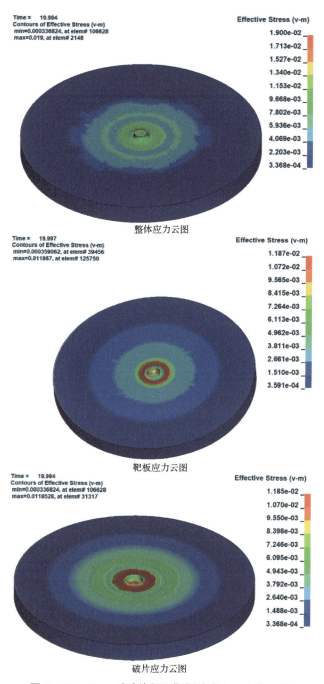

图 6 - 43　20 μs 时破片侵彻靶板的应力、应变云图

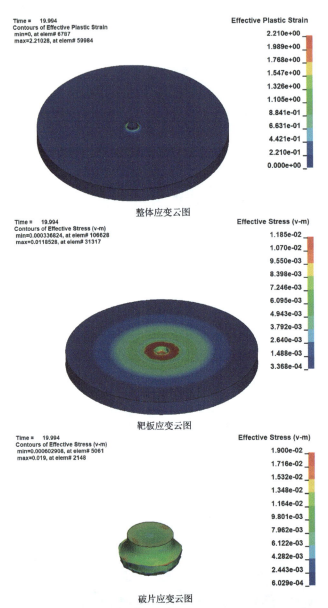

图 6 – 43　20 μs 时破片侵彻靶板的应力、应变云图（续）

从以上云图可以看出破片未击穿靶板，破片在着靶过程中发生的变形较大，破片和靶板在冲击载荷作用下均发生局部破坏，且靶板在冲击载荷作用下形成的凹坑较大，破片侵彻靶板的仿真结果与试验结果基本一致。

6.7　155 mm 预制破片仿真

6.7.1　破片各时刻飞散状态

为了更直观地观察壳体及破片飞散状况，只对壳体及破片部分进行显示，将其他部分隐藏，由不同时刻破片的飞散状态可以看出，炸药爆炸后，炸药从起爆点开始以球形波的形式向外传播，随着爆炸的进行，在 30 μs 时爆炸波传到端盖及破片处，破片在爆炸波的作用下飞出（图 6 - 44）。

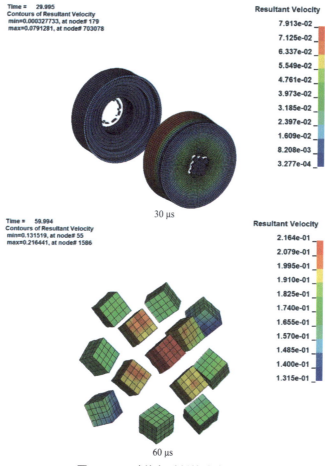

图 6 - 44　破片各时刻的速度云图

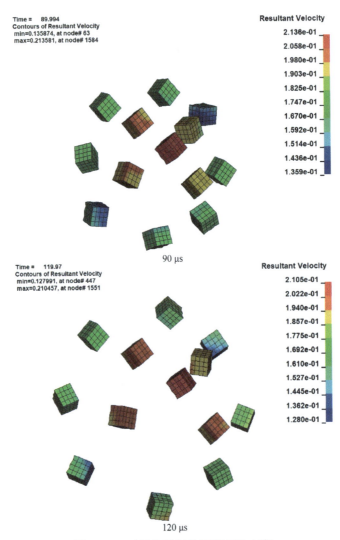

图 6 - 44　破片各时刻的速度云图（续）

从破片各时刻的飞散状态可以看出，破片在自身不平衡载荷作用下旋转飞出，且各位置破片速度有差异，处于中间位置的破片速度最高，周围破片速度稍低。

6.7.2　破片速度分析

为了分析出不同位置破片的速度，选取图 6 - 45 所示破片来分析其速度和飞散角，再对图中破片依次进行编号（1~13）来分析各位置破片的飞散状况。

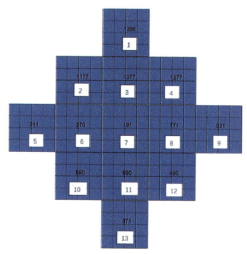

图 6 - 45　起爆时选取的部分破片位置

利用 LS - PREPOST 绘制位置 1 ~ 13 处破片的速度随时间变化的曲线，如图 6 - 46 所示。从图中可以明显看出，破片速度均在 60 μs 左右稳定下来，速度不再升高，破片速度的最高值约为 2 000 m/s。

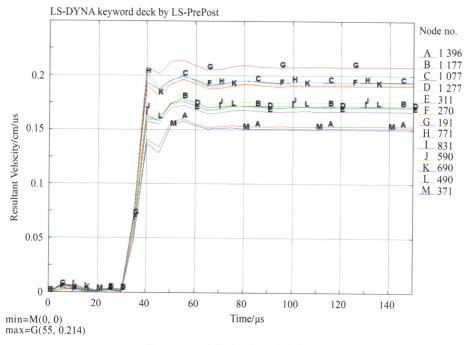

图 6 - 46　破片的时间 - 速度曲线

利用 LS – PREPOST 提取图 6 – 46 中破片在 150 μs 时各方向的分速度值，利用分速度与合速度的关系，可计算得到破片的飞散角。表 6 – 13 所示为位置 1 ~ 13 处破片速度及飞散角数据。从表中可以看出破片速度的最高值为 2 081 m/s，位于中间位置。周围破片速度稍低，飞散角集中在 80°~90° 范围内。在爆炸驱动下，破片没有发生破裂。

表 6 – 13　破片速度、飞散角数据

编号	v_r /(m·s⁻¹)	飞散角/(°)	破片位置
1	1 535	89	1
2	1 723	80	9
3	1 941	87	2
4	1 706	82	4
5	1 672	81	10
6	1 920	85	7（中间位置）
7	2 081	89	6
8	1 943	85	8
9	1 712	81	3
10	1 755	82	12
11	1 908	89	11
12	1 722	83	5
13	1 515	89	13

试验中此种工况下破片的最高速度为 1 702 m/s，仿真分析结果与试验结果有一定的误差，导致此误差的原因可能是仿真所采用的钨合金和试验中的钨合金的质量有差别，仿真所采用的钨合金密度偏低。

6.7.3　冲击侵彻靶板过程分析

选取速度最高的破片分析面侵彻过程，即破片着靶速度为 2 000 m/s。分析破片着靶初始及破片速度降为零时刻破片及靶板的应力、应变。图 6 – 47 ~ 图 6 – 50 所示分别为 2 μs，6 μs，10 μs，20 μs 时破片侵彻靶板的应力、应变云图。

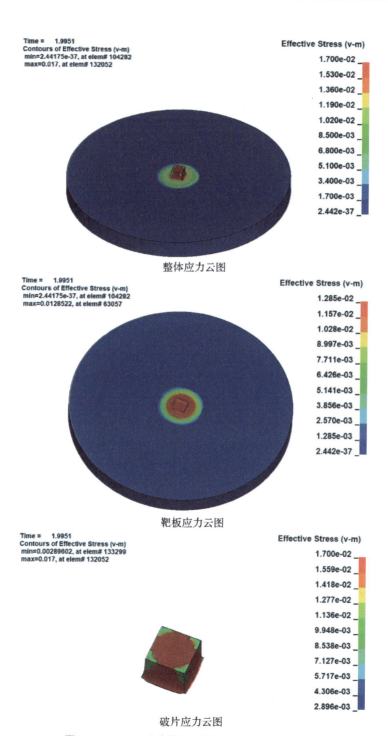

图 6 - 47　2 μs 时破片侵彻靶板的应力、应变云图

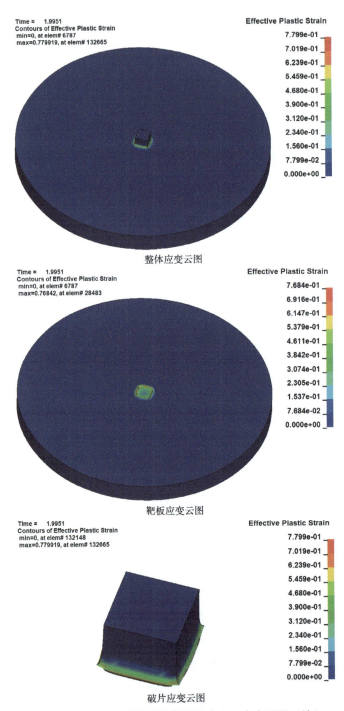

整体应变云图

靶板应变云图

破片应变云图

图 6 - 47　2 μs 时破片侵彻靶板的应力、应变云图（续）

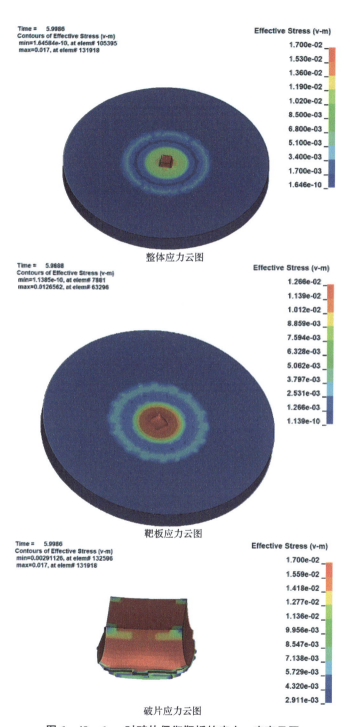

图 6 – 48　6 μs 时破片侵彻靶板的应力、应变云图

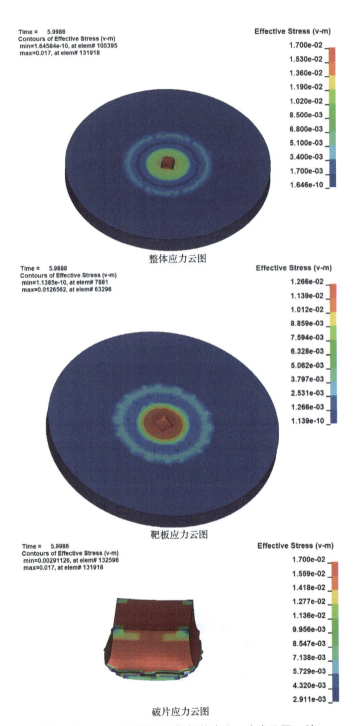

图 6-48 6 μs 时破片侵彻靶板的应力、应变云图（续）

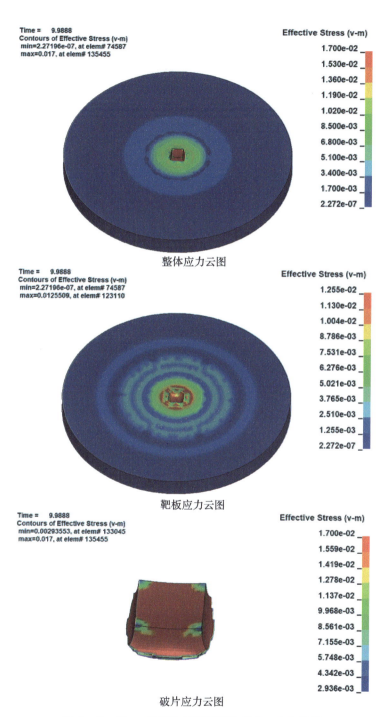

图 6 - 49　10 μs 时破片侵彻靶板的应力、应变云图

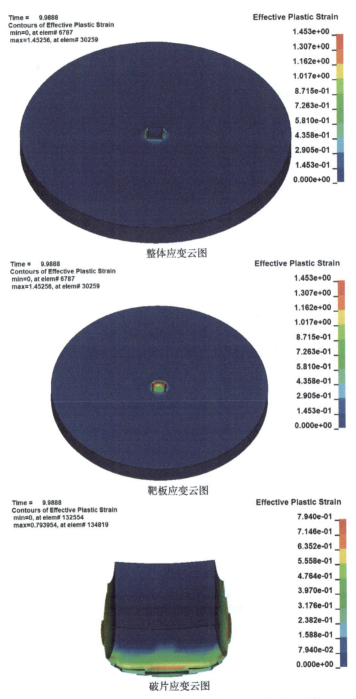

图 6 – 49 10 μs 时破片侵彻靶板的应力、应变云图（续）

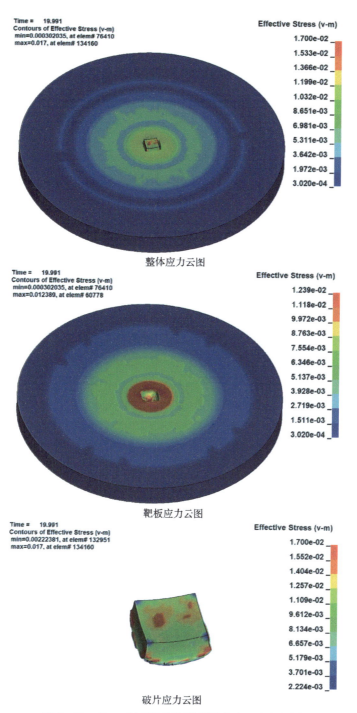

整体应力云图

靶板应力云图

破片应力云图

图 6 - 50　20 μs 时破片侵彻靶板的应力、应变云图

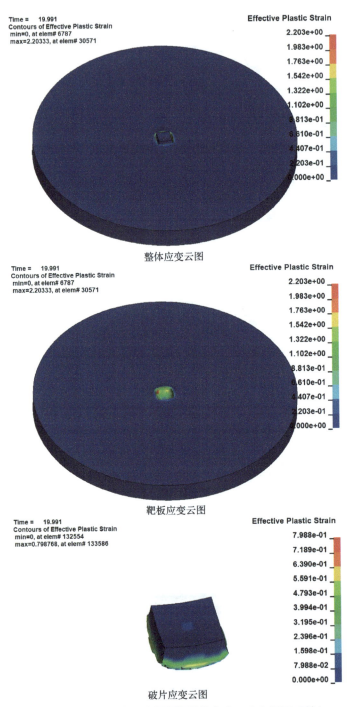

图 6 – 50 20 μs 时破片侵彻靶板的应力、应变云图（续）

　　从以上云图可以看出破片未击穿靶板，破片在着靶过程中发生较大的变形，且未发生破裂，靶板在破片冲击载荷作用下局部发生破坏，且凹坑较大，其中仿真结果中破片的变形比试验中破片的变形大，原因可能是仿真分析中破片的速度高于试验中破片的速度。

　　在爆炸驱动下，破片在自身不平衡载荷作用下旋转飞出，且各位置破片速度有差异，其中处于中间位置的破片速度最高，周围破片速度稍低。当炸药、破片质量相同时，战斗部爆炸后，圆柱体和立方体破片的速度高于球体破片。破片飞散角集中在 80°~90°范围内。在爆炸驱动下，破片没有发生破裂，保持较好的完整性。仿真分析结果与试验结果接近。

　　当战斗部中的破片为立方体破片时，破片未击穿靶板，破片在着靶过程中发生较大的变形，但未发生破裂，靶板在冲击载荷作用下局部发生破坏，且凹坑较大。当战斗部中的破片为球体破片时，破片未击穿靶板，破片在着靶过程中发生的变形较小，靶板在冲击载荷作用下局部发生较小的变形，且凹坑不大。当战斗部中的破片为圆柱体破片时，破片未击穿靶板，破片在着靶过程中发生的变形较大，破片和靶板在冲击载荷作用下均发生局部破坏，且靶板在冲击载荷作用下形成的凹坑较大。4 种破片侵彻靶板的仿真结果与试验结果基本一致。

第 7 章

复合材料半预制壳体战斗部破片飞散特性

采用复合材料破片与纯非晶合金基体设计制备半预制全金属含能材料战斗部壳体，通过 LS – DYNA 软件对半预制壳体设计方案进行爆炸后破片场分布仿真，重点研究不同破片间隙对爆炸过程中壳体破裂的影响，以及不同破片间隙条件下爆炸形成的破片场分布特点。

7.1 结构设计与仿真方案

半预制壳体主要由破片浇铸纯非晶合金制成。根据破片形式给出两种半预制壳体结构设计方案：方案一采用马蹄形破片，逐层摆放，层间破片错位，然后浇铸纯非晶合金；方案二采用圆柱体破片，圆柱体破片两行为一组，由上到下按列摆放，列间破片错位，按组进行周向排布，然后浇铸纯非晶合金。半预制壳体结构设计方案如表 7 –1 所示。

破片间隙对爆炸后有效破片的形成是重要影响因素。仿真分析方案一中马蹄形破片间隙分别为 0.4 mm，0.6 mm 时，半预制壳体爆炸破片场；仿真分析方案二中每组圆柱体破片间隙分别为 0.4 mm，0.6 mm 时，半预制壳体爆炸破片场。

表 7-1　半预制壳体结构设计方案

方案一	方案二
方案一　破片排列方式	方案二　破片排列方式
方案一　破片结构单元示意图	方案二　破片结构单元示意图

7.2　计算模型

7.2.1　有限元计算模型

为了节约计算时间,采用圆柱段轴向的 1/8 模型,为了保证计算结果的精度和提高计算速度,模型中的单元均为六面体单元,单元尺寸为 0.5 mm。

方案一中破片有限元示意如图 7 – 1 所示，方案一中整体有限元示意如图 7 –2 所示。工况一模型中共有 684 912 个单元、740 677 个节点。工况二模型中共有 675 488 个单元、732 820 个节点。

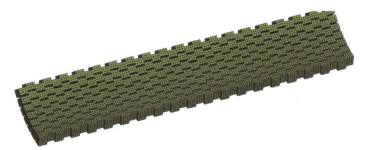

图 7 –1　方案一中破片有限元示意

图 7 –2　方案一中整体有限元示意

方案二中破片有限元示意如图 7 – 3 所示，方案二中整体有限元示意如图 7 –4 所示。工况一模型中共有 1 033 191 个单元、1 114 380 个节点。工况二模型中共有 1 033 191 个单元、1 114 380 个节点。

图 7 –3　方案二中破片有限元示意

图 7 - 4　方案二中整体有限元示意

建模时采用 cm - g - μs 单位制，计算方法采用多物质 ALE 流固耦合方法。

7.2.2　材料参数

半预制壳体的材料主要包括炸药（8701 炸药）、空气、破片（钨/多元非晶合金）、壳体（多元非晶母合金）。其中，炸药采用 HIGH_EXPLOSIVE_BURN 模型及 JWL 状态方程，其具体参数如表 7 - 2 所示。

表 7 - 2　8701 炸药材料参数

符号	含义	数值
P	密度/$(g \cdot cm^{-3})$	1.70
D	爆速/$(m \cdot s^{-1})$	0.810
P_{CJ}	压力/MPa	0.32
A	材料常数	34.48
B	材料常数	0.057
R_1	材料常数	4.26
R_2	材料常数	1.1
W	材料常数	0.36
E_0	初始比内能/$(J \cdot g^{-1})$	0.09
V_0	相对体积	1.0

空气采用 NULL 材料模型以及 LINER_POLYNOMIAL 状态方程加以描述，其具体参数如表 7-3 所示。

表 7-3 空气材料参数

符号	含义	数值
ρ	密度/$(g \cdot cm^{-3})$	0.001 292 9
C_0	材料常数	0
C_1	材料常数	0
C_2	材料常数	0
C_3	材料常数	0
C_4	材料常数	0.4
C_5	材料常数	0.5
C_6	材料常数	0
E_0	初始比内能/$(J \cdot g^{-1})$	2.5e-6
V_0	相对体积	1.0

破片材料采用 Johnson-Cook 本构模型，其具体参数如表 7-4 所示，屈服极限由下式计算：

$$\sigma_y = (1\ 356 + 1\ 515.36\varepsilon_p^{0.64})(1 + 0.468\ 9\ln\dot{\varepsilon}^*)$$

破片材料状态方程为

$$P = 167.31\mu + 394.64\mu^2 + 687.56\mu^3$$

表 7-4 破片材料参数

材料	A/MPa	B/MPa	n	C	M
钨/多元非晶合金	1 356	1 515	0.64	0.47	1.00
材料	ρ_0/$(g \cdot cm^{-3})$	C_0/$(m \cdot s^{-1})$	S_1	γ_0	—
钨/多元非晶合金	14.286	3 417	1.732	1.91	—

多元非晶母合金材料采用 Johnson-Cook 本构模型，屈服极限由下式计算：

$$\sigma^* = \sigma_I^* - D(\sigma_I^* - \sigma_F^*)$$

$$\sigma_{\rm I}^* = 1.397\,(P^* + T^*)^{2.432}\left[\,1 + 0.004\,4\ln(\dot{\varepsilon}/\dot{\varepsilon}_0)\,\right]$$

$$\sigma_{\rm F}^* = 0.59\,(P^*)^{0.258}\left[\,1 + 0.004\,4\ln(\dot{\varepsilon}/\dot{\varepsilon}_0)\,\right]$$

$$D = \sum\,(\Delta\varepsilon_{\rm p}/0.005(P^* + T^*))$$

状态方程如下:

$$P_{\rm r} = 111.7\mu + 403.7\mu^2 + 8\,044\mu^3$$

7.2.3　定义接触和施加约束控制

在破片与壳体之间采用面接触,在 1/8 模型边界面上施加对称约束。在空气域的边界面上施加无反射边界条件。将起爆点设置为炸药尾部端面中心点,计算时间为 200 μs。

7.3　半预制壳体马蹄形破片飞散特性数值模拟

7.3.1　破片间隙为 0.4 mm 时的数值模拟

7.3.1.1　破片各时刻的飞散状态

为了更直观地观察破片的飞散状态和空间散布规律,只对破片部分进行显示,将其他部分隐藏。圆柱段爆炸后,炸药从起爆点开始以球形波的形式向外传播,图 7-5 所示为在 15 μs, 30 μs, 60 μs, 200 μs 等不同时刻破片的飞散状态。从各时刻的飞散情况可以看出,圆柱段中间部分破片的速度最高,头部偏中间部分破片的速度略有降低,尾部破片的速度最低。

7.3.1.2　破片速度分析

为了获得典型位置破片的速度,沿圆柱段轴向方向,从圆柱段头部到尾部对破片进行编号 (1~33),选取的破片位于圆柱段的中心部分,如图 7-6 所示。

利用 LS-PREPOST 软件绘制破片速度随时间变化的曲线,如图 7-7 所示。从图中可以明显看出,破片速度在 50 μs 左右稳定下来,不再升高,所选取破片的速度最高值约为 816 m/s。

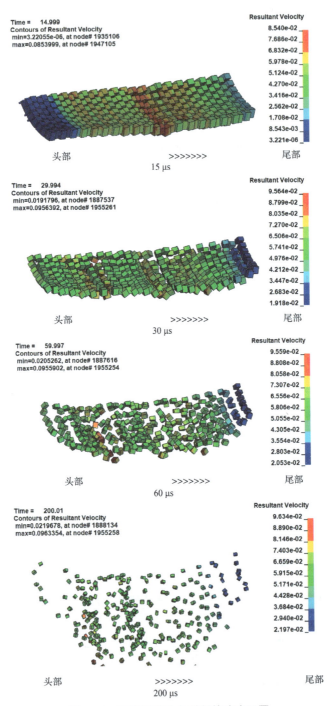

图 7 - 5　圆柱段破片各时刻的速度云图

头部（1号）　　　　　>>>>>> 　　　　尾部（33号）

图 7 - 6　破片编号示意

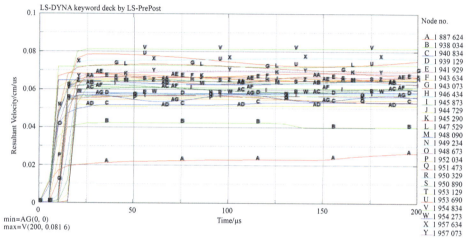

图 7 - 7　部分圆柱段破片速度随时间变化的曲线

7.3.1.3　破片飞散角分析

利用 LS - PREPOST 软件提取图 7 - 7 中破片在 200 μs 时各方向的分速度值，利用分速度与合速度的关系，可计算得到破片的飞散角，如表 7 - 5 所示。从表中可以看出破片速度的最高值为 815.8 m/s，出现在圆柱段中部，破片速度的最低值为 262.3 m/s，出现在圆柱段尾部。

表 7 - 5　破片飞散角数据

编号	$v_x/(\text{m} \cdot \text{s}^{-1})$	$v_y/(\text{m} \cdot \text{s}^{-1})$	$v_z/(\text{m} \cdot \text{s}^{-1})$	$v_r/(\text{m} \cdot \text{s}^{-1})$	飞散角/(°)
1	109.407 6	235.461 7	82.954 18	262.321	109.407 6
2	100.350 7	367.119 7	67.052 61	400.114	100.350 7
3	99.195 15	495.343 2	80.185 04	532.234	99.195 15
4	95.073 26	539.286 7	47.876 34	577.652	95.073 26
5	90.618 99	624.019 1	6.741 827	664.732	90.618 99
6	89.343 68	618.828 3	7.088 945	658.901	89.343 68

编号	$v_x/(\text{m} \cdot \text{s}^{-1})$	$v_y/(\text{m} \cdot \text{s}^{-1})$	$v_z/(\text{m} \cdot \text{s}^{-1})$	$v_r/(\text{m} \cdot \text{s}^{-1})$	飞散角/(°)
7	86. 626 86	633. 885 6	37. 361 5	695. 267	86. 626 86
8	81. 067 16	588. 930 4	92. 569 93	647. 723	81. 067 16
9	78. 887 03	566. 072 7	111. 192 1	615. 012	78. 887 03
10	77. 485 8	570. 909 5	126. 716	650. 386	77. 485 8
11	76. 948 15	623. 011 6	144. 427 5	668. 283	76. 948 15
12	78. 332 64	640. 653 2	132. 292 4	727. 012	78. 332 64
13	76. 864 3	595. 329 3	138. 928 5	644. 492	76. 864 3
14	71. 645 7	477. 488 8	158. 416 5	563. 582	71. 645 7
15	82. 374 5	523. 073 4	70. 029 86	561. 183	82. 374 5
16	78. 577 18	490. 061 2	99. 016 84	544. 932	78. 577 18
17	77. 398 09	488. 643	109. 241 8	530. 274	77. 398 09
18	74. 253 7	519. 136	146. 375 3	586. 724	74. 253 7
19	79. 004 46	599. 718 3	116. 525	645. 529	79. 004 46
20	89. 634 88	522. 529 9	3. 329 857	569. 103	89. 634 88
21	83. 166 21	691. 116 8	82. 824 14	749. 755	83. 166 21
22	75. 306 89	725. 647 4	190. 276 7	815. 814	75. 306 89
23	79. 623 56	550. 453	100. 793	584. 031	79. 623 56
24	79. 633 19	701. 878 1	128. 398 5	763. 374	79. 633 19
25	80. 158 57	639. 199 5	110. 884 9	679. 876	80. 158 57
26	75. 739 92	572. 35	145. 465 6	648. 324	75. 739 92
27	76. 086 44	573. 688 4	142. 117 7	629. 365	76. 086 44
28	81. 370 95	561. 953 7	85. 278 92	631. 732	81. 370 95
29	77. 766 96	558. 145 9	121. 012 4	606. 533	77. 766 96
30	80. 433 57	453. 148 1	76. 371 23	514. 355	80. 433 57
31	76. 386 74	609. 661	147. 641 9	665. 463	76. 386 74
32	67. 535 66	519. 093 2	214. 637	606. 765	67. 535 66
33	39. 310 28	347. 824	424. 802 4	559. 222	39. 310 28

对所得数据进行处理，得到飞散角、破片速度与位置编号的折线图，分别如图 7 - 8、图 7 - 9 所示。从典型破片飞散角折线图中可以看出，除去个别破片，破片的飞散角为 80° 左右。

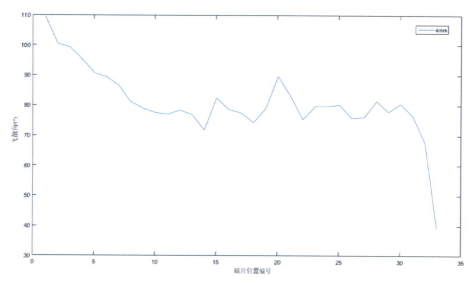

图 7 - 8　典型破片飞散角折线图

从典型破片速度折线图中可以看出，圆柱段尾部破片速度较低，头部中间部分破片速度有一定波动，平均速度为 630 m/s。

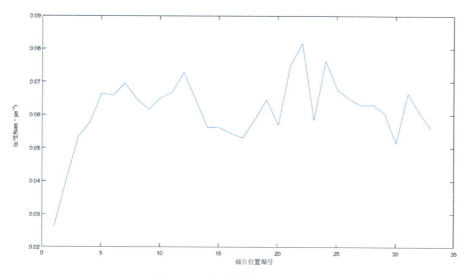

图 7 - 9　典型破片速度折线图

7.3.2　破片间隙为 0.6 mm 时的数值模拟

7.3.2.1　破片各时刻的飞散状态

图 7 − 10 所示为在 15 μs，30 μs，60 μs，200 μs 等不同时刻破片的飞散状态。从破片的飞散状态可以看出，圆柱段中间部分破片的速度最高，头部破片的速度略有降低，尾部破片的速度最低，速度分布规律和破片间隙为 4 mm 时一致。

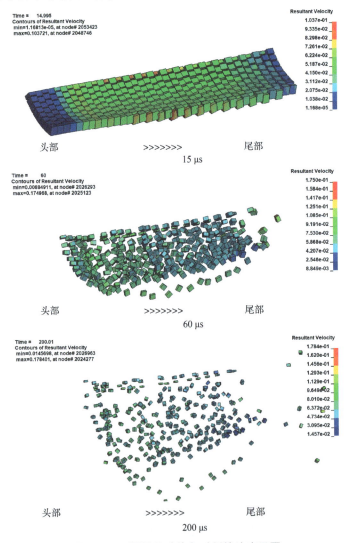

图 7 − 10　圆柱段破片各时刻的速度云图

7.3.2.2　破片速度分析

为了获得典型位置破片的速度，沿圆柱段轴向方向，从圆柱段头部到尾部对破片进行编号（1~37），所选取的破片位于圆柱段中心位置，如图 7 - 11 所示。

头部（1）　　　　　　>>>>>>　　　　　　尾部（37）

图 7 - 11　破片编号示意

利用 LS - PREPOST 软件绘制破片速度随时间变化的曲线，如图 7 - 12 所示。从图中可以明显看出，破片速度在 50 μs 左右稳定下来，不再升高，除去个别异常破片，破片速度的最高值约为 850 m/s。

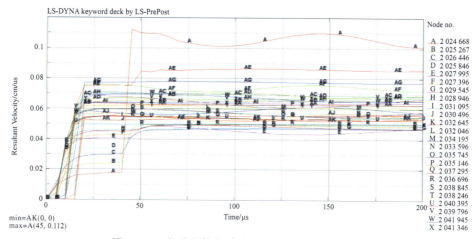

图 7 - 12　部分圆柱段破片速度随时间变化的曲线

7.3.2.3　破片飞散角分析

利用 LS - PREPOST 软件提取图 7 - 12 中破片在 70 μs 时各方向的分速度值，利用分速度与合速度的关系，可计算得到破片的飞散角，如表 7 - 6 所示。其中编号 18 为圆柱段与球体连接段的转折点。从表中可以看出破片速度的最高值为 1 008.6 m/s，出现在圆柱段中部，破片速度的最低值为 358.4 m/s，出现在圆柱段尾部。

表 7-6 破片飞散角数据

编号	$v_x/(\mathrm{m \cdot s^{-1}})$	$v_y/(\mathrm{m \cdot s^{-1}})$	$v_z/(\mathrm{m \cdot s^{-1}})$	$v_r/(\mathrm{m \cdot s^{-1}})$	飞散角/(°)
1	662. 413 9	753. 848 5	96. 402 56	1 008. 153	138. 693 9
2	360. 808 6	127. 888 5	319. 826 6	498. 825 9	109. 516 9
3	389. 428 4	87. 840 57	245. 04	468. 417 6	102. 711 1
4	424. 637 5	38. 827 61	217. 048 2	478. 471	95. 224 43
5	433. 728 3	1. 507 643	201. 942	478. 438 2	89. 800 84
6	439. 195 7	7. 440 781	210. 139 1	486. 936	90. 970 6
7	414. 199 9	7. 993 772	224. 648 2	471. 266 7	91. 105 63
8	451. 785	5. 170 493	194. 961	492. 083 5	90. 655 7
9	489. 741 3	10. 434 01	243. 687 3	547. 118 7	91. 220 51
10	487. 527 8	13. 822 46	217. 015 1	533. 825 8	91. 624 02
11	486. 133 9	16. 131 32	274. 17	558. 350 8	91. 900 54
12	550. 486 7	0. 724 854	242. 228 2	601. 423 8	89. 924 56
13	496. 805 2	39. 169 88	283. 856 5	573. 519 2	94. 508 08
14	520. 561 6	49. 916 63	223. 211 4	568. 594 2	84. 522 66
15	513. 839 9	50. 801 56	265. 802	580. 743 4	84. 353 71
16	563. 496 3	58. 237 83	264. 147 4	625. 054 8	84. 099 38
17	506. 084 5	82. 215 78	237. 219 7	564. 937 3	80. 772 65
18	462. 305 2	58. 146 61	192. 399 9	504. 108	82. 831 25
19	508. 308 1	58. 456 96	201. 626 2	549. 952 2	83. 439 63
20	538. 679 6	81. 510 27	270. 839 9	608. 419 1	81. 395 57
21	476. 935 1	37. 801 97	219. 344 7	526. 315 7	85. 468 2
22	601. 028 7	23. 682 61	296. 452 9	670. 582 3	87. 743 51
23	605. 523 6	88. 494 12	233. 765 8	655. 085 1	81. 685 38
24	542. 887 6	92. 682 65	288. 815 6	621. 877 4	80. 311 77
25	601. 544	130. 299 4	259. 356 4	667. 906 3	77. 778 07
26	576. 195 9	122. 939 6	294. 081 8	658. 483 1	77. 955 73

续表

编号	$v_x/(\mathrm{m \cdot s^{-1}})$	$v_y/(\mathrm{m \cdot s^{-1}})$	$v_z/(\mathrm{m \cdot s^{-1}})$	$v_r/(\mathrm{m \cdot s^{-1}})$	飞散角/(°)
27	575.967 8	84.252 22	234.638 3	627.608 5	81.677 83
28	574.871 1	89.495 8	292.833 9	651.335 5	81.151 24
29	615.770 5	81.404 2	289.412 2	685.244 1	82.469 23
30	652.417 8	206.658 3	110.705 2	693.262 1	72.424 01
31	706.465	216.579 4	428.432 8	854.139 4	72.956 15
32	650.411 1	146.866 1	270.102 3	719.416 1	77.275 73
33	661.646 4	151.689 6	363.248 4	769.892 9	77.087 47
34	617.066 4	164.192 3	236.328 8	680.868	75.099 68
35	555.004 9	157.249 4	274.303 8	638.749 1	74.180 99
36	481.192 9	163.050 9	170.466 1	535.901 9	71.281 19
37	399.183 6	297.486 6	204.292 3	538.127 5	53.305 13

对所得数据进行处理，得到飞散角、破片速度与位置编号的折线图，分别如图 7-13、图 7-14 所示。从典型破片飞散角折线图中可以看出，除去个别破片，破片的飞散角为 80°~90°。

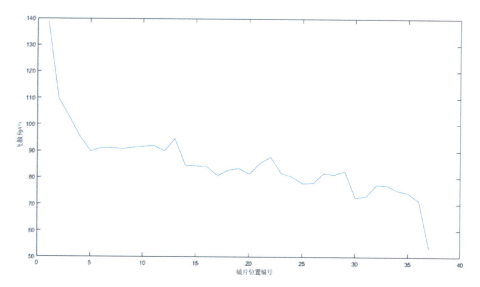

图 7-13　典型破片飞散角折线图

从典型破片速度折线图中可以看出，圆柱段尾部破片速度较低，头部中间部分破片速度有一定波动，平均破片速度为 650 m/s 左右。

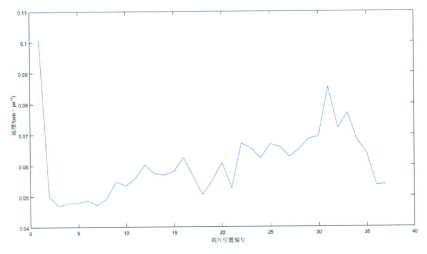

图 7 – 14 典型破片速度折线图

7.3.3 破片间隙为 0.6 mm 与 0.4 mm 时爆炸破片场结果对比

图 7 – 15 所示为在破片间隙为 0.4 mm 和 0.6 mm 时的飞散角对比折线图。从图中可以看到，在两种破片间隙下飞散角基本一致，破片间隙为 0.6 mm 时，平均飞散角略微大些。

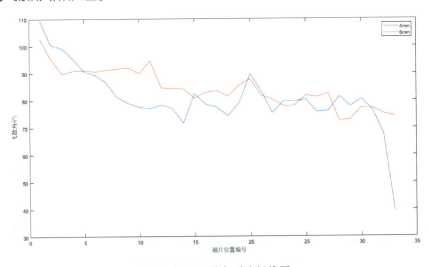

图 7 – 15 飞散角对比折线图

图 7 - 16 所示为在破片间隙为 0.4 mm 和 0.6 mm 时的破片速度对比折线图。从图中可以看出，破片速度相差不大，当破片间隙为 0.4 mm 时，平均破片速度略微高些。

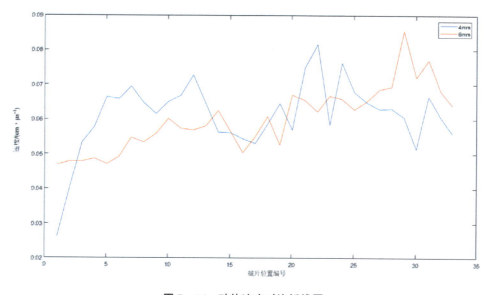

图 7 - 16　破片速度对比折线图

7.4　半预制壳体圆柱体破片飞散特性数值模拟

7.4.1　破片间隙为 0.4 mm 时的数值模拟

7.4.1.1　破片各时刻的飞散状态

图 7 - 17 所示为不同时刻破片的飞散状态。由于在 60 μs 时圆柱段破片速度已达到稳定，故只取了前 60 μs 的计算结果。从图中也可以看出在 15 μs 时，圆柱段中间部分破片速度最高，尾部破片其次，头部破片速度最低，随着爆炸压力沿圆柱段轴向正向传播，头部破片速度逐渐升高，在 60 μs 时，圆柱段中间部分破片速度最高，头部破片其次，尾部破片速度最低。

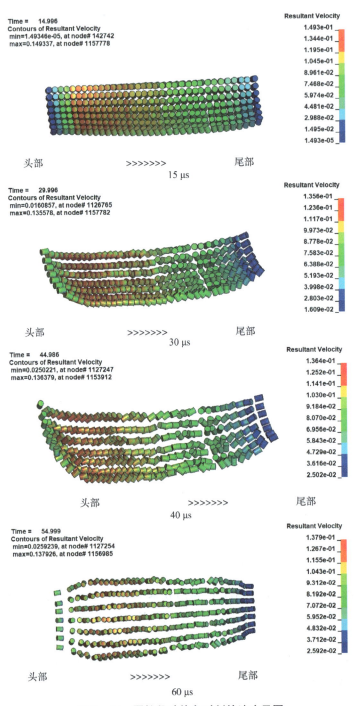

图 7 - 17　圆柱段破片各时刻的速度云图

7.4.1.2 破片速度分析

为了获得典型位置破片的速度，沿圆柱段轴向方向，从圆柱段头部到尾部对破片进行编号（1~34），所选取的破片位于圆柱段的中心部分，如图 7 – 18 所示。

头部（1）　　　>>>>>>　　　尾部（34）

图 7 – 18　破片编号示意

利用 LS – PREPOST 软件绘制破片速度随时间变化的曲线，如图 7 – 19 所示。

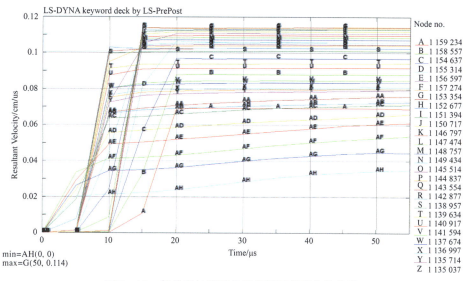

图 7 – 19　部分圆柱段破片速度随时间变化的曲线

从图中可以明显看出，破片速度在 60 μs 左右稳定下来，不再升高，破片速度的最高值约为 1 140 m/s。

7.4.1.3 破片飞散角分析

利用 LS – PREPOST 软件提取图 7 – 19 中破片在 50 μs 时各方向的分速度值，利用分速度与合速度的关系，可计算得到破片的飞散角，如表 7 – 7 所示。从表中可以看出破片速度的最高值为 1 140.3 m/s,出现在圆柱段的中部靠前,破片速度的最低值为 322.6 m/s,出现在圆柱段尾部。

表 7 - 7　破片飞散角数据

编号	v_x	v_y	v_z	v_r	飞散角/(°)
1	523. 310 5	453. 528 4	1. 569 548	692. 491 5	130. 913 9
2	814. 134 6	333. 211 8	1. 744 157	879. 686 5	112. 258 5
3	926. 025 4	280. 200 6	6. 471 944	967. 510 9	106. 835
4	1 023. 007	266. 831 2	1. 171 695	1 057. 234	104. 618 8
5	1 083. 556	224. 406 3	6. 116 955	1 106. 566	101. 700 6
6	1 110. 423	234. 130 8	13. 574 52	1 134. 919	101. 906 3
7	1 122. 134	202. 970 8	0. 232 13	1 140. 343	100. 252 8
8	1 109. 408	208. 642 2	5. 654 347	1 128. 871	100. 651
9	1 109. 71	200. 484 6	8. 414 187	1 127. 707	100. 240 8
10	1 102. 068	183. 660 9	1. 636 853	1 117. 268	99. 461 45
11	1 080. 37	182. 706 6	0. 310 997	1 095. 71	99. 598 75
12	1 066. 951	190. 148 6	4. 266 119	1 083. 771	100. 105
13	1 054. 013	195. 929 1	1. 855 835	1 072. 07	100. 530 4
14	1 035. 914	204. 685 8	7. 700 742	1 055. 97	101. 177 1
15	1 029. 36	181. 879 5	1. 787 134	1 045. 306	100. 020 3
16	1 028. 184	152. 026	4. 406 972	1 039. 371	98. 410 75
17	1 012. 967	153. 009	9. 512 524	1 024. 502	98. 589 61
18	1 015. 776	135. 997 7	4. 172 818	1 024. 849	97. 625 72
19	1 000. 097	135. 189	3. 231 551	1 009. 198	97. 698 34
20	936. 321 7	81. 784 05	2. 891 981	939. 891 1	94. 991 89
21	913. 252 2	77. 603 42	0. 133 394	916. 543 5	94. 857 03
22	845. 251 2	41. 163 38	4. 681 473	846. 265 9	92. 788 08
23	833. 165 7	48. 473 44	2. 305 831	834. 577 8	93. 329 7

续表

编号	v_x	v_y	v_z	v_r	飞散角/(°)
24	806.342 7	23.781 33	5.781 542	806.714 1	91.689 32
25	784.705 8	43.285 34	4.415 851	785.911 2	93.157 31
26	795.559 1	39.376 82	7.311 152	796.566 6	92.833 59
27	742.477	15.898 62	0.760 292	742.647 6	88.773 32
28	712.747 2	21.377 69	3.246 251	713.075 1	88.282 02
29	695.807 4	42.031 51	2.547 268	697.080 3	86.543 15
30	624.796 2	75.203 93	0.912 916	629.306 6	83.136 58
31	570.823 6	99.842	1.717 856	579.492	80.078 83
32	488.309 6	116.389	4.712 786	502.010 9	76.593 64
33	414.384 7	111.116 2	3.478 305	429.038	74.989 4
34	271.585	173.959 1	4.447 829	322.552 3	57.359 11

对所得数据进行处理，得到飞散角、破片速度与位置编号的折线图，分别如图 7-20、图 7-21 所示，从典型破片飞散角折线图中可以看出，除去圆柱段头

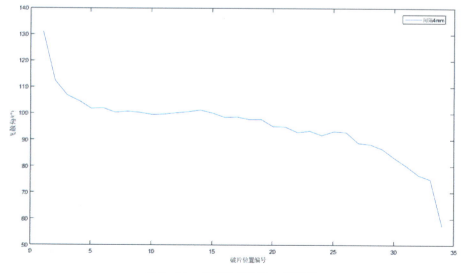

图 7-20　典型破片飞散角折线图

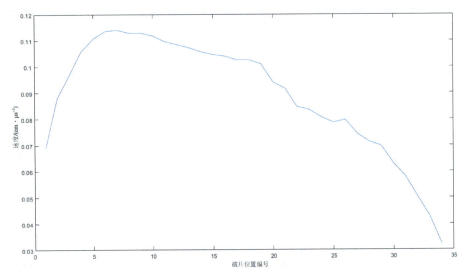

图 7 – 21   典型破片速度折线图

部、尾部个别破片，飞散角集中在 90°至 100°之间。从典型破片速度折线图中可以看出，圆柱段中部靠前部分破片速度最高，圆柱段尾部破片速度最低。

7.4.2   破片间隙为 0.6 mm 时的数值模拟

7.4.2.1   破片各时刻的飞散状态

图 7 – 22 所示为不同时刻破片的飞散状态。从图中可以看出，在 15 μs 时，圆柱段中间部分破片速度最高，随着爆炸压力沿圆柱段轴向正向传播，头部破片速度逐渐升高，在 40 μs 时，圆柱段中间部分破片速度最高，头部破片其次，尾部破片速度最低，飞散状态与破片间隙为 4 mm 时一致。

7.4.2.2   破片速度分析

为了获得典型位置破片的速度，沿圆柱段轴向方向，从圆柱段头部到尾部对破片进行编号（1~34），所选取的破片位于圆柱段中心部分，如图 7 – 23 所示。

利用 LS – PREPOST 软件绘制破片速度随时间变化的曲线，如图 7 – 24 所示。

从图中可以明显看出，破片速度在 40 μs 左右稳定下来，不再升高，破片速度的最高值为 1 167 m/s。

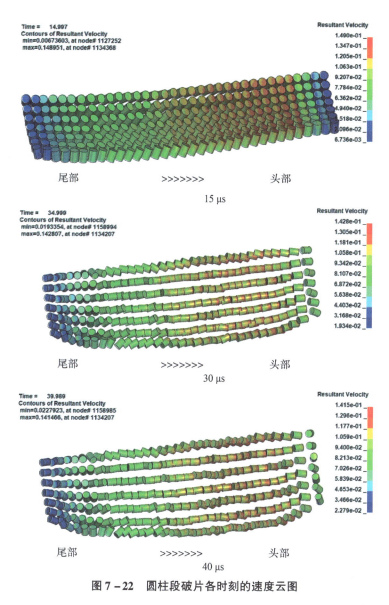

图 7 - 22　圆柱段破片各时刻的速度云图

图 7 - 23　预制破片节点编号方向示意图

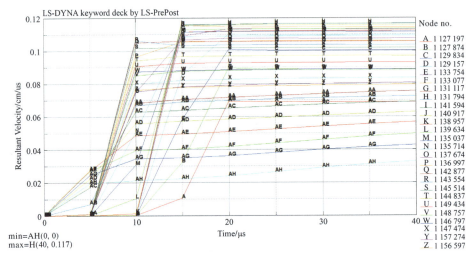

图 7 - 24 部分圆柱段破片速度随时间变化的曲线

7.4.2.3 破片飞散角分析

利用 LS - PREPOST 软件提取图 7 - 24 中破片在 30 μs 时各方向的分速度值，利用分速度与合速度的关系，可计算得到破片的飞散角，如表 7 - 8 所示。从表中可以看出，破片速度的最高值为 1 167.1 m/s，出现在圆柱段中前部，破片速度的最低值为 330.1 m/s，出现在圆柱段尾部。

表 7 - 8 破片飞散角数据

编号	v_x	v_y	v_z	v_r	飞散角/(°)
1	519.620 2	453.697 6	0.772 486	689.816 8	131.125 3
2	814.359 6	355.122 4	0.058 356	888.422	113.560 8
3	959.570 7	296.576 6	13.083 72	1 004.443	107.174 9
4	1063.265	274.363	3.978 255	1 098.099	104.468 9
5	1 102.647	258.896 7	11.059 29	1 132.687	103.213 5
6	1 125.455	209.435 7	0.378 09	1 144.776	100.541 6
7	1 116.625	200.819 4	0.013 061	1 134.539	100.195 4
8	1 147.25	220.560 7	5.659 984	1 168.273	100.882 4
9	1 149.108	203.663 1	9.603 269	1 167.056	100.050 5

续表

编号	v_x	v_y	v_z	v_r	飞散角/(°)
10	1 133.733	238.49	0.388 727	1 158.546	101.879 4
11	1 109.276	174.989 9	1.520 385	1 122.995	98.964 62
12	1 115.708	204.799 1	17.794 6	1 134.488	100.401 4
13	1 096.887	212.761 6	5.032 718	1 117.342	100.977 3
14	1 072.154	212.017 2	0.705 967	1 092.917	101.185 9
15	1 063.898	164.480 2	10.108 31	1 076.585	98.788 44
16	1 047.359	165.756 8	5.172 406	1 060.407	98.993 14
17	1 049.358	136.212 9	7.844 88	1 058.191	97.395 98
18	1 029.33	133.821	5.680 423	1 038.008	97.407 35
19	1 009.816	144.549 7	0.979 617	1 020.11	98.146 24
20	965.596 6	97.531 74	1.064 555	970.510 3	95.767 7
21	927.207 1	90.948 23	8.914 566	931.699 5	95.602 13
22	881.668 6	65.930 83	1.492 887	884.131 6	94.276 6
23	886.928 8	74.483 79	2.252 04	890.053 7	94.800 4
24	836.530 9	44.263 1	1.355 262	837.702 2	93.028 85
25	807.962 5	21.908 65	3.059 616	808.265 3	91.553 25
26	793.892 6	44.037 29	5.345 203	795.131	93.174 95
27	756.554 8	33.353 62	3.576 504	757.298 2	87.475 68
28	724.410 6	42.609 3	2.814 531	725.668 1	86.633 78
29	689.505	55.453 32	3.467 824	691.74	85.401 89
30	622.833 4	81.804	2.930 245	628.189 4	82.517 5
31	558.829	102.609 3	2.132 009	568.175 2	79.595 54
32	478.082 6	136.873 6	4.083 104	497.306 7	74.023 74
33	416.639 3	102.931 6	6.483 996	429.214 6	76.122 83
34	278.002 7	177.999 7	0.676 256	330.105 8	57.369 37

对所得数据进行处理，得到飞散角、破片速度与位置编号的折线图，分别如图 7-25、图 7-26 所示。从典型破片飞散角折线图中可以看出，除去圆柱段头部、尾部个别破片，圆柱段破片的飞散角集中在 90°到 100°之间。从典型破片速度折线图中可以看出，圆柱段中部靠前部分破片速度最高，尾部破片速度最低。

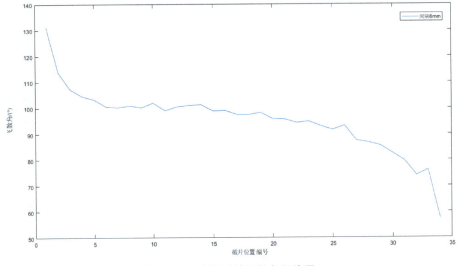

图 7-25 典型破片飞散角折线图

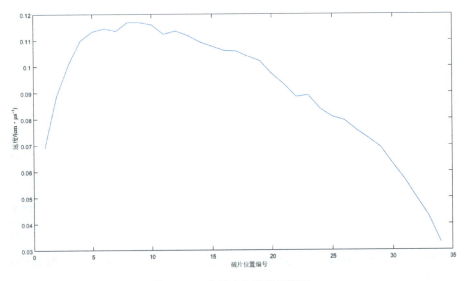

图 7-26 典型破片速度折线图

7.4.3　破片间隙为 0.6 mm 与 0.4 mm 时爆炸破片场结果对比

从图 7 - 27 中可以看出，破片间隙为 0.4 mm 和 0.6 mm 时，破片的飞散角基本一致。除去圆柱段头部、尾部个别破片，圆柱段破片的飞散角集中在 90°到 100°之间。

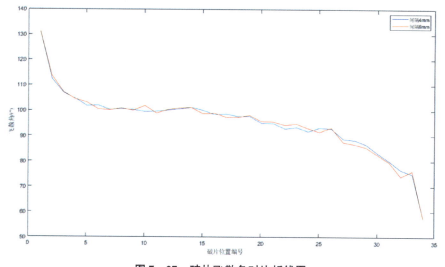

图 7 - 27　破片飞散对比折线图

从图 7 - 28 中可以看出，破片间隙为 0.6 mm 时的平均破片速度比破片间隙为 0.4 mm 时略高。

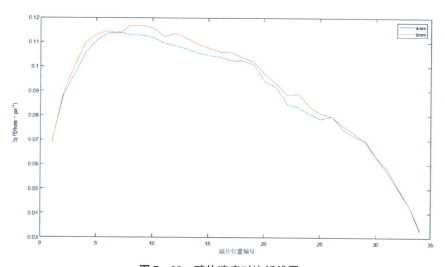

图 7 - 28　破片速度对比折线图

7.5 粘接作用对破片飞散特性的影响分析

在上述研究中，破片与壳体界面之间采用接触，无粘接作用。本节研究当破片与壳体之间具有粘接作用时的破片飞散特性。建立分析有限元模型时，破片与壳体之间采用共节点处理。

7.5.1 马蹄形破片间隙为 0.6 mm 时的数值模拟

7.5.1.1 破片的飞散状态

从图 7-29 所示的圆柱段破片各时刻的速度云图中可以看出，圆柱段爆炸后，圆柱段中间部分破片速度最高，头部较中间部分破片速度略有降低，尾部破片速度最低，破片在空间中的分布散乱。

7.5.1.2 破片速度

利用 LS-PREPOST 软件绘制破片速度随时间变化的曲线，如图 7-30 所示。从图中可以明显看出，破片速度稳定下来后其值为 523 m/s。

7.5.1.3 破片飞散角

对所得数据进行处理，得到飞散角、破片速度与位置编号的折线图，如图 7-31、图 7-32 所示。从典型破片飞散角折线图中可以看出，除去个别破片，破片的飞散角为 20°~140°，空间分布分散性相对较高。

从典型破片速度折线图中可以看出，从圆柱段尾部至头部破片分布没有规律。最高破片速度低于 550 m/s。

7.5.2 圆柱体破片间隙为 0.6 mm 时的数值模拟

7.5.2.1 破片的飞散状态

从下图 7-33 所示的圆柱段破片各时刻的速度云图中可以看出，圆柱段爆炸后，炸药从起爆点开始以球形波的形式向外传播，随着爆炸的进行，爆炸形成的压力波传到圆柱段的头部，头部破片开始向外飞散。圆柱段中间部分破片速度最高，头部较中间部分破片速度略有降低，尾部破片速度最低，破片在空间中的分布散乱。

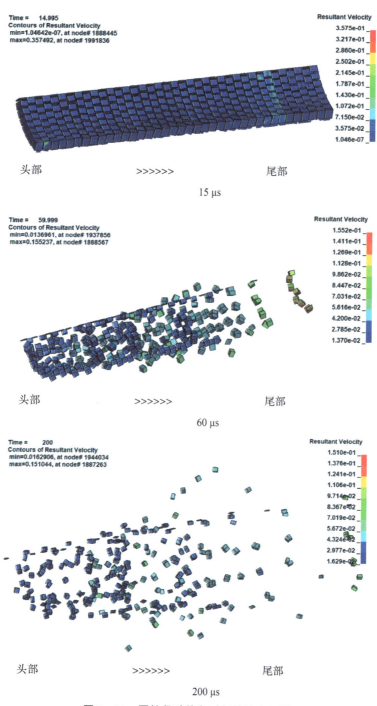

图 7-29　圆柱段破片各时刻的速度云图

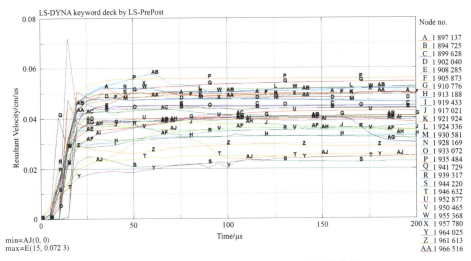

图 7－30　部分圆柱段破片速度随时间变化的曲线

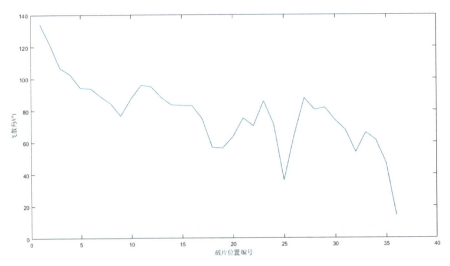

图 7－31　典型破片飞散角折线图

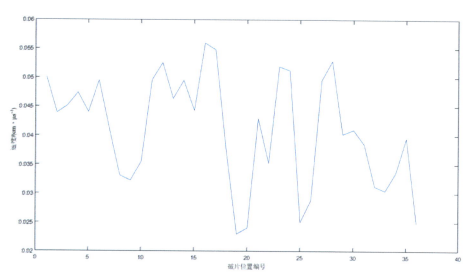

图 7 - 32　典型破片速度折线图

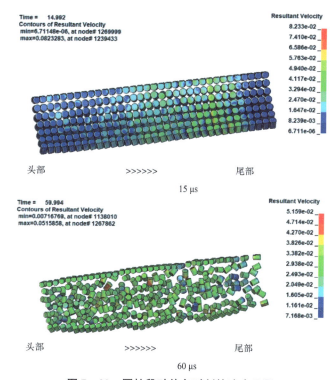

图 7 - 33　圆柱段破片各时刻的速度云图

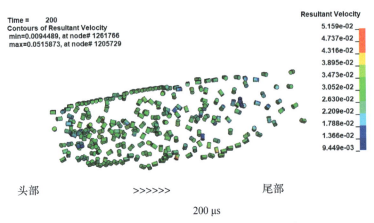

头部　　　　　　>>>>>>　　　　　　尾部

200 μs

图 7 - 33　圆柱段破片各时刻的速度云图（续）

7.5.2.2　破片速度

利用 LS – PREPOST 软件绘制破片速度随时间变化的曲线，如图 7 – 34 所示。从图中可以明显看出，破片速度稳定下来后其值为 351 m/s。

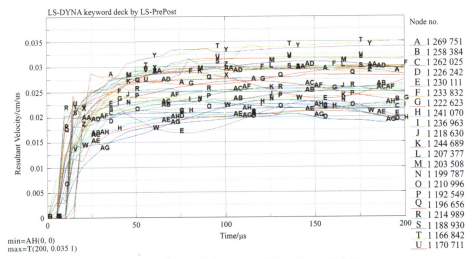

图 7 - 34　部分圆柱段破片速度随时间变化的曲线

7.5.2.3　破片飞散角

对所得数据进行处理，得到飞散角、破片速度与位置编号的折线图，如图 7 – 35、图 7 – 36 所示。从典型破片飞散角折线图中可以看出，除去个别破片，破片的飞散角为 20°～160°，破片在空间中分布较散乱。

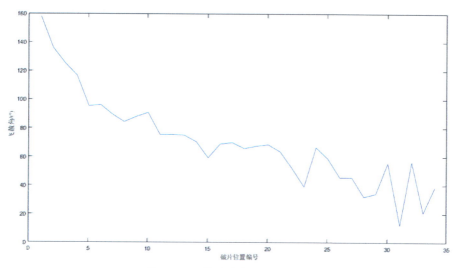

图 7 - 35　典型破片飞散角折线图

从典型破片速度折线可以看出，从圆柱段尾部至头部破片分布没有规律。最高破片速度低于 360 m/s。

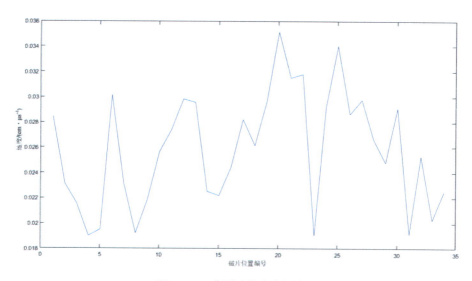

图 7 - 36　典型破片速度折线图

从以上分析可以看出，当破片与壳体按共节点处理，考虑破片与壳体之间的粘接作用时，比按接触分析时破片速度降低，破片在空间中的分布更不均匀，飞散角范围更大。

本研究利用 LS - DYNA 软件对圆柱段爆炸后破片的飞散特性与初始破片速度

进行了数值仿真分析，分析了不同破片类型及排布对破片在空间中的飞散特性和初始破片速度的影响，所得结论如下。

（1）方案一。马蹄形破片在两种破片间隙（0.4 mm 和 0.6 mm）下飞散角基本一致，基本分布在 80°附近，当破片间隙为 0.6 mm 时，平均飞散角略微大些。马蹄形破片在两种破片间隙（0.4 mm 和 0.6 mm）下的速度相差不大，当破片间隙为 0.4 mm 时，平均破片速度略微高些。

（2）方案二。圆柱体破片在两种破片间隙（0.4 mm 和 0.6 mm）下飞散角基本一致，除去个别破片，飞散角在 90°到 100°之间。当破片间隙为 0.6 mm 时，平均破片速度比破片间隙为 0.4 mm 时略高。

（3）对比两种类型的破片，马蹄形破片的最高速度（816 m/s，850 m/s）较圆柱体破片（1 140 m/s，1 167 m/s）的低，速度差异相对大些，但马蹄形破片的飞散角（80°左右）与圆柱体破片（90°~100°）相对比较集中。

（4）考虑破片与壳体之间的粘接作用，对破片与壳体按共节点处理时，相比于按接触模型分析，破片速度降低，破片在空间中的分布更不均匀，飞散角范围更大。

第8章
含能材料破片战斗部爆炸试验

8.1 引燃实爆试验

　　自制试验弹丸，预制破片是直径和长度都为 8 mm 的圆柱体，材料密度为 14.286 g/cm³，每枚破片质量为 5.744 g。试验场地布置示意如图 8-1 所示，分别在距炸点 3 m 处布置 1 套靶板，在距炸点 5 m 处布置 2 套靶板，在距炸点 7 m 处布置 3 套靶板，在距炸点 10 m 处布置 4 套靶板，靶板的中心正对炸点，与炸点同高。

　　图 8-2 所示为试验现场照片，除了炸点处的爆炸弹丸和靶板外，还布设了 5 个红色的测速标杆，用于判读破片飞行的速度。

　　如图 8-3 所示，在靶板后距离靶板 10 mm 处布设棉被，用于检验破片贯穿靶板后对棉被的点燃能力。棉被长 1.5 m，宽 1 m，和靶板的长、宽相同。

　　如图 8-4 所示，在靶板后紧贴靶板布设油箱，用于检验破片贯穿靶板后对油箱的点燃能力。油箱的长、宽都为 0.5 m，厚度为 1 mm。

　　图 8-5 所示为某发试验弹静爆过程高速摄影，可以看出破片在飞行的过程中一直发生爆炸效应，尤其是当破片冲击靶板时产生的爆炸效果更为强烈，很好地反映出预制破片的含能特性。

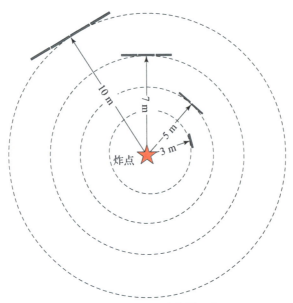

图 8-1 试验场地布置示意

图 8-2 试验现场照片

图 8-3 棉被布设照片

图 8 - 4　油箱布设照片

图 8 - 5　某发试验弹静爆过程高速摄影

含能破片是规则的圆柱体，而弹丸壳体破裂形成的破片是非规则的，在靶板上很容易判断出哪些是自然破片的穿孔，哪些是含能破片的穿孔。如图 8 - 6 所示，靶板后的棉被和油箱能够被引燃，而且靶板上较多的形状大小相近的圆形穿孔正是含能破片造成的，这说明含能破片在一定条件下能够发挥纵火功能。图 8 - 7（a）中的油箱穿孔是较大的自然破片造成的，油箱没有被引燃，图 8 - 7（b）中的油箱大穿孔是由自然破片造成的，而油箱小穿孔是由含能破片造成的，由此可见，含能破片侵彻靶板的释能性能够可靠地点燃油箱。

图 8 - 6　棉被和油箱被引燃

（a）　　　　　　　　　　　　（b）

图 8 - 7　被破片侵彻后的油箱

棉被引燃试验和油箱引燃试验分别进行了 2 次，表 8 - 1 ~ 表 8 - 4 为 4 次试验的结果。可以看出，虽然每次试验中有多套靶板能够被多个破片穿透，但是只有个别靶板后的棉被或油箱被引燃，这些靶板上破片的穿孔比其他靶板明显多，这说明如果要可靠地引燃靶板后的目标，除了需要破片能够贯穿靶板外，贯穿靶板的破片也要足够多，贯穿破片的分布密度也要满足一定要求。

表 8-1 第一次棉被引燃试验

靶板编号	靶板厚度/mm	靶板距炸点距离/m	破片未穿透数量/枚	破片穿透数量/枚	是否燃烧
棉 1-1	10	3	10	0	否
棉 1-2	8	5	5	5	否
棉 1-3	8	5	5	0	否
棉 1-4	6	7	4	0	否
棉 1-5	6	7	5	2	否
棉 1-6	6	7	7	12	是
棉 1-7	4	10	0	0	否
棉 1-8	4	10	4	4	否
棉 1-9	4	10	2	1	否
棉 1-10	4	10	0	0	否

表 8-2 第二次棉被引燃试验

靶板编号	靶板厚度/mm	靶板距炸点距离/m	破片未穿透数量/枚	破片穿透数量/枚	是否燃烧
棉 2-1	10	3	9	0	否
棉 2-2	8	5	1	0	否
棉 2-3	8	5	5	3	否
棉 2-4	6	7	4	0	否
棉 2-5	6	7	2	1	否
棉 2-6	6	7	3	1	否
棉 2-7	4	10	5	5	否
棉 2-8	4	10	2	13	是
棉 2-9	4	10	1	2	否
棉 2-10	4	10	1	1	否

表 8 − 3 第一次油箱引燃试验

靶板编号	靶板厚度 /mm	靶板距炸点 距离/m	破片未穿透 数量/枚	破片穿透 数量/枚	是否燃烧
油 1 − 1	10	3	3	2	否
油 1 − 2	8	5	1	2	否
油 1 − 3	8	5	3	0	否
油 1 − 4	6	7	2	0	否
油 1 − 5	6	7	4	6	是
油 1 − 6	6	7	4	4	是
油 1 − 7	4	10	3	1	否
油 1 − 8	4	10	6	1	否
油 1 − 9	4	10	1	0	否
油 1 − 10	4	10	2	0	否

表 8 − 4 第二次油箱引燃试验

靶板编号	靶板厚度 /mm	靶板距炸点 距离/m	破片未穿透 数量/枚	破片穿透 数量/枚	是否燃烧
油 2 − 1	8	3	12	0	否
油 2 − 2	6	5	15	6	是
油 2 − 3	6	5	2	9	是
油 2 − 4	6	7	5	3	是
油 2 − 5	6	7	9	0	否
油 2 − 6	6	7	10	0	否
油 2 − 7	6	10	2	0	否
油 2 − 8	6	10	5	0	否
油 2 − 9	6	10	1	1	否
油 2 − 10	6	10	1	0	否

在第二次油箱引燃试验中，在距炸心 3 m，7 m，10 m 处都采用了 6 mm 厚的靶板，破片穿透情况如表 8-4 所示，可以看出对于同厚度的靶板，破片在距炸点不同距离处的穿透能力不同，破片距炸点的距离越远，其穿透能力越弱，这是由于空气阻力使破片在空气中飞行时速度不断衰减，动能也不断衰减。利用测速标杆对结果进行判读，得到破片在距炸心 3 m，5 m，7 m，10 m 处的实测速度，如表 8-5 所示。

表 8-5　破片飞行速度

含能破片距炸心距离/m	3	5	7	10
实测速度/$(m \cdot s^{-1})$	1 135.135	1 044.776	1 042.55	979.021
计算速度/$(m \cdot s^{-1})$		1 105.979	1 077.572	1 036.324
误差		0.058 6	0.033 6	0.058 5

破片速度衰减公式为

$$V_R = V_0 \cdot e^{-\alpha \cdot m^{-1/3} \cdot R} \tag{8-1}$$

式中，V_R 为破片从炸心飞行到 R 处的余速，m/s；V_0 为破片的初始速度，m/s；α 为破片的衰减系数（对于圆柱体破片为 0.002 33），$kg^{1/3}/m$；m 为破片质量，kg；R 为破片飞行距离，m。

由式（8-1）得到，破片飞行到 R_X、R_Y 处余速之比为

$$\frac{V_{RY}}{V_{RX}} = \frac{V_0 \cdot e^{-\alpha \cdot m^{-1/3} \cdot R_Y}}{V_0 \cdot e^{-\alpha \cdot m^{-1/3} \cdot R_X}} = e^{\alpha \cdot m^{-1/3} \cdot (R_X - R_Y)} \tag{8-2}$$

则

$$V_{RY} = V_{RX} \cdot e^{\alpha \cdot m^{-1/3} \cdot (R_X - R_Y)} \tag{8-3}$$

以飞行距离 3 m 处的速度为基准，按照式（8-3）计算出 5 m，7 m，10 m 处的破片速度，并与实际测量的速度对比分析，结果如表 8-5 所示。由表 8-5 可知，理论计算的结果偏高，这是由于理论计算模型是在一定的假设条件下建立的，例如假设破片在空气中飞行时只受到空气阻力的作用，没有考虑风速等因素的影响。但是，理论计算的结果和实测的结果误差不大，因此，可以用式（8-3）预测破片飞行到不同距离处的余速。

8.2 引燃实爆试验结果分析

8.2.1 试验结果

在棉被引燃试验和第一次油箱引燃试验中，距离 3 m 处的靶板厚度都为 10 mm，距离 5 m 处的靶板厚度都为 8 mm，距离 7 m 处的靶板厚度都为 6 mm，距离 10 m 处的靶板厚度都为4 mm。从表 8 − 1 ~ 表 8 − 3 中可知，破片对同距离不同厚度靶板侵彻的状况有区别，例如在表 8 − 1 中，同为距离 7m 处的 6 mm 厚靶板，每个靶板被破片穿透和未穿透的比例相差较大，这是由于破片为圆柱体破片，破片命中靶板时的姿态比较随机，同样速度和质量的破片侵彻效果大大不同。为了减小随机性的影响，根据表 8 − 1 ~ 表 8 − 3 中的数据，按照同距离同靶板厚度汇总的方法，研究破片侵彻能力，如表 8 − 6 所示。

表 8 − 6　3 次试验中破片侵彻情况汇总分析表

序号	靶板距炸点距离/m	靶板厚度/mm	靶板数量/个	破片未穿透数量/枚	破片穿透数量/枚	破片总数/枚	穿透率
1	3	10	3	24	2	26	0.077
2	5	8	6	20	10	30	0.333
3	7	6	9	35	26	61	0.426
4	10	4	12	27	28	55	0.509

8.2.2 理论分析

在理论分析破片侵彻靶板的问题时，通常先将靶板厚度按照硬铝（一般为 LY12 铝）的厚度来等效，等效公式有 3 种，分别如下：

$$b_{Al} = \frac{\sigma_b}{\sigma_{Al}} \cdot b \qquad (8-4)$$

$$b_{Al} = \left[\frac{\sigma_b \rho_b}{\sigma_{Al} \rho_{Al}}\right] \cdot \frac{2}{3} b \qquad (8-5)$$

$$b_{Al} = \left[\frac{\sigma_b \rho_b E_{Al}}{\sigma_{Al} \rho_{Al} E_b}\right] \cdot \tfrac{2}{3} b \qquad (8-6)$$

在式（8-4）～式（8-6）中，b_{Al} 为靶板等效硬铝厚度，mm；b 为靶板厚度，mm；σ_b 为靶板强度极限，Pa；σ_{Al} 为硬铝强度极限，以 LY12 铝作为标准，Pa。ρ_b 为靶板密度，kg/m^3；ρ_{Al} 为硬铝密度，kg/m^3；E_b 为靶板弹性模量，GPa；E_{Al} 为硬铝弹性模量，GPa。LY12 铝的密度为 2 700 kg/m^3，弹性模量为 70 GPa。Q235 钢的密度为 7 850 kg/m^3，弹性模量为 200 GPa。

破片击穿靶板的难易程度与破片冲击接触靶板的面积有关，面积越小越易击穿，破片入射靶板的面积为 $\bar{S}$，大部分破片侵彻靶板时的面积是随机的，对于不同形状的破片，$\bar{S}$ 可以由式（8-7）计算。

$$\bar{S} = K \cdot m^{2/3} \qquad (8-7)$$

式中，K 为破片的形状系数（对于圆柱体破片为 0.003 35），$m^2/kg^{2/3}$；m 为破片质量，kg。

假设破片着靶时的动能为 E_s，某一参数为 e_b，并且

$$e_b = \frac{E_s}{b_{Al}\bar{S}} \qquad (8-8)$$

结合式（8-7），对于圆柱体破片，有

$$e_b = \frac{E_s}{b_{Al}\bar{S}} = 149.254\, m^{1/3} \frac{V_s^2}{b_{Al}} \qquad (8-9)$$

式中，m 为破片质量，kg；V_s 为破片着靶速度，m/s；b_{Al} 为靶板等效硬铝厚度，m。

假设破片击穿靶板的概率为 p_{jc}，则当 $e_b \leq 4.41 \times 10^9$ 时，$p_{jc} = 0$，否则击穿概率为

$$p_{jc} = 1 + 2.65 e^{-3.47 \times 10^{-9} e_b} - 2.96 e^{-1.43 \times 10^{-9} e_b} \qquad (8-10)$$

试验所用靶板的材料为 Q235 钢，Q235 钢的强度极限为 375～500 MPa。LY12 铝的强度极限有的文献取 421 MPa，有的文献取 395 MPa，有的文献取 460 MPa。在一般情况下，Q235 钢的强度高于硬铝的强度，为了对比分析，取两个极限，一个是假设两者强度极限相等；另一种情况是 Q235 钢的强度极限为 500 MPa，LY12 铝的强度极限为 395 MPa，即悬殊最大。根据式（8-6）所示等效硬铝厚度计算公式即可计算出两种情况下 Q235 钢的等效硬铝厚度。根据表 8-6 中距炸点不同距离处靶板的厚度、表 8-5 中破片飞行到靶板距炸点不同距离处的余速，即此处破片着靶速度，利用式（8-9）和式（8-10）就可以计算出试验所用 5.744g 圆柱体含能破片在不同距离处对相应

靶板的击穿概率。分别按式（8-4）~式（8-6）计算出击穿概率，如表8-7~表8-9所示。

表8-7 3次试验中破片击穿靶板概率［式（8-4）］计算分析表

序号	靶板距炸点距离/m	靶板厚度/mm	Q235钢与LY12铝强度极限相同		Q235钢与LY12铝强度相差最大	
			等效硬铝厚度/mm	击穿概率	等效硬铝厚度/mm	击穿概率
1#	3	10	10	0.999 979 07	12.66	0.939 7
2#	5	8	8	0.999 988 87	10.13	0.952
3#	7	6	6	0.999 999 74	7.59	0.987 5
4#	10	4	4	0.999 999 99	5.06	0.997 9

表8-8 3次试验中破片击穿靶板概率［式（8-5）］计算分析表

序号	靶板距炸点距离/m	靶板厚度/mm	Q235钢与LY12铝强度极限相同		Q235钢与LY12铝强度相差最大	
			等效硬铝厚度/mm	击穿概率	等效硬铝厚度/mm	击穿概率
1#	3	10	19.98	0.755	23.38	0.656
2#	5	8	15.98	0.787	18.7	0.694
3#	7	6	11.99	0.908	14.03	0.849
4#	10	4	7.99	0.969 8	9.35	0.941

表8-9 3次试验中破片击穿靶板概率［式（8-6）］计算分析表

序号	靶板距炸点距离/m	靶板厚度/mm	Q235钢与LY12铝强度极限相同		Q235钢与LY12铝强度相差最大	
			等效硬铝厚度/mm	击穿概率	等效硬铝厚度/mm	击穿概率
1	3	10	9.92	0.979	11.61	0.958
2	5	8	7.94	0.985	9.29	0.967
3	7	6	5.95	0.997	6.97	0.992
4	10	4	3.97	0.999 7	4.64	0.999

8.2.3　影响因素分析

将表 8 - 6 与表 8 - 7 ~ 表 8 - 9 对比可知，试验结果明显小于理论计算的所有结果，主要原因有两个。一是理论计算都是按照破片垂直侵彻靶板的方式进行的，而实际上，由于存在飞散角，大部分破片是斜侵彻靶板，由于侵彻角度的问题，破片击穿靶板的位移大于靶板的厚度，厚度越大，破片的击穿概率就越低，而且大部分破片命中的不是靶板的中心，飞行距离就不是靶板中心和炸点的距离，着靶速度就不是破片飞行到靶板中心时的速度。二是在进理论计算时没有考虑破片侵彻过程中的能量损失，破片的很大一部分动能转化为破片侵彻过程中的变形能。如图 8 - 8 所示，靶板被 4 枚破片侵彻，一枚击穿靶板，3 枚没有击穿靶板，从图中可以看出，没有击穿靶板的破片失去了圆柱体形状，发生了严重变形，这就会减弱破片的侵彻能力，使击穿概率下降。

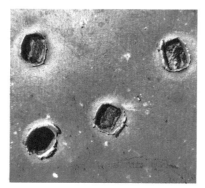

图 8 - 8　侵彻破片变形情况

8.2.3.1　厚度影响

图 8 - 9 所示为破片斜侵彻问题分析模型，在图中，炸点到靶板的垂直距离为 D，破片沿着垂直方向上飞行并侵彻靶板，其面对的靶板厚度为 h，但在实际情况下，大多数破片不是沿着垂直方向上飞行的。在图 8 - 9 中，取靶板上的 A，B，C 三点，O 点为炸点，O，A，C 三点位于同一水平面上，OA 垂直于靶板，破片沿着 OB 方向飞行，BC 垂直于 OC 和 AC，则 OA 垂直于 AC。设 $OA = D$，$\angle AOC = \gamma$，称为水平飞散角，$\angle BOC = \varphi$，称为垂直飞散角，则根据几何关系，可以求出 OB 为

$$OB = \frac{D}{\cos \gamma \cdot \cos \varphi} \tag{8 - 11}$$

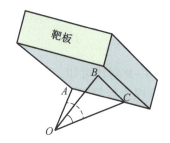

图 8-9　破片斜侵彻问题分析模型

靶板厚度为 h，如果破片沿着 OB 方向从靶板背面直线穿透，穿透而出的点是 B'，则根据理想运动方向可以计算出破片在靶板中运动的位移：

$$BB' = \frac{D+h}{\cos\gamma \cdot \cos\varphi} - \frac{D}{\cos\gamma \cdot \cos\varphi} = \frac{h}{\cos\gamma \cdot \cos\varphi} = \frac{\sqrt{OA^2 + AC^2 + BC^2}}{OA} \cdot h$$

$$(8-12)$$

试验时炸点刚好对正靶板的中心，根据上述分析，当破片沿着接近靶板的 4 个靶后角斜侵彻时，破片在靶板中运动的位移接近最大，因为靶板较薄，所以取其沿着 4 个靶前角飞行方向近似计算。靶板长为 1.5 m，宽为 1 m，则利用式（8-12）可以计算出靶板距离炸心为 3 m，5 m，7 m，10 m 时，对应的破片在靶板中的位移依次为 1.044 2h，1.016 1h，1.008 3h，1.004 1h，最大位移仅是靶板厚度的 1.044 2 倍，因此，可以认为所有击穿靶板的破片在靶板中直线飞行的位移都是靶板的厚度，误差最大仅为 0.044 2h，可以忽略不计。

8.2.3.2　着靶速度影响

按照试验时靶板与炸点的相对位置，对于同一个靶板，靶板中心到炸点的距离最短，破片到达时速度最高，靶板四角到炸点的距离最长，破片到达时速度最低。设炸点到靶板中心的距离为 R_X，炸点到靶板四角的距离为 R_Y，破片命中靶板中心的速度为 V_{RX}，破片命中靶板四角的速度为 V_{RX}，则根据式（8-3）计算出的 V_{RX}，以及 V_{RY} 和 V_{RX} 的误差如表 8-10 所示。

表 8-10　破片命中靶板中心及四角的速度

炸心到靶板中心的距离 R_X/m	3	5	7	10
破片命中靶心速度 V_{RX}/(m·s^{-1})	1 135.135	1 044.776	1 042.55	979.021
炸心到靶板四角的距离 R_Y/m	3.132 5	5.080 6	7.057 8	10.040 5
破片命中靶板四角的速度 V_{RY}/(m·s^{-1})	1 133.18	1 043.681	1 041.766	978.504 7
V_{RY} 和 V_{RX} 的误差	0.001 725	0.001 049	0.000 752	0.000 528

从表 8 - 10 中可知，对同一靶板，破片命中靶板四角的速度和命中靶板中心的速度误差非常小，完全可以忽略不计，因此，对同一靶板，破片命中不同部位时的速度差别对击穿概率影响甚微。

通过以上分析可知，破片飞散角的因素对击穿概率影响很小，可以忽略不计，在破片侵彻过程中，破片的着靶姿态和自身的变形能是影响击穿概率的主要因素。但需要注意的是，本结论是基于炸点与靶板中心的距离明显大于靶板尺寸的前提获得的，如果炸点与靶板比较近，例如式（8 - 12）中的水平飞散角 γ 和垂直飞散角 φ 都为 60°，则根据式（8 - 12）可以计算出 $OB' = 4h$，即靶板厚度的 4 倍，肯定会影响破片的击穿概率。

8.3　击穿速度分析

THOR 侵彻方程是在 20 世纪 60 年代初期建立的，可用于估算破片冲击侵彻时的极限击穿速度和击穿靶板后的余速，计算余速的 THOR 方程为

$$V_r = V_c - 10^c \cdot (b\bar{S})^\alpha m_f^\beta (\sec \theta)^\gamma \cdot V_c^\lambda \qquad (8-13)$$

式中，b 为靶板厚度，cm；m_f 为破片质量，g；V_c 为破片速度，m/s；$\bar{S}$ 为破片的平均入射面积，cm²；θ 为破片入射方向和目标法线的夹角；上标 c，α，β，γ，λ 为目标材料特性参数，对于 Q235 钢 $c = 3.69$，$\alpha = 0.889$，$\beta = -0.945$，$\gamma = 1.262$，$\lambda = 0.019$。

破片能击穿靶板的最低速度叫作极限击穿速度，极限击穿速度公式为

$$V_{bl} = [10^c \cdot (b\bar{S})^\alpha m_f^\beta (\sec\theta)^\gamma]^{1/(1-\lambda)} \qquad (8-14)$$

式中各符号含义与式（8 - 13）相同，根据式（8 - 7）可以计算出破片的 $\bar{S}$ 为 1.07 cm²。

根据式（8 - 13）和式（8 - 14）可以计算出在各试验条件下，破片的极限击穿速度和余速，如表 8 - 11 所示。对于距炸点 3 m 处 10 mm 厚的靶板，余透为负数，极限击穿速度高于试验测得的速度 1 135.135 m/s，这说明如果按照破片平均入射面积的计算结果，试验弹丸的含能破片不能击穿距炸点 3 m 处 10 mm 厚的靶板，但事实上，仍有破片可能击穿靶板，根据表 8 - 6，有 2 枚破片实现了击穿透，这是破片入射面积的随机性造成的。试验含能破片的形状为长和直径相同的圆柱体，对其任意方向上取截面的面积，圆柱体底面积最小，将其代入式（8 - 13）和式（8 - 14）计算出的结果如表 8 - 11 所示。可以看出，如果破片是以圆柱体

底面积或者其他较小的面积接触侵彻靶板，就能够击穿靶板。而由表 8 - 6 可以看出，对于距炸点 3 m 处 10 mm 厚的靶板，破片的击穿概率几乎为零，而且按照平均入射面积计算出的其他试验条件下的值更接近试验结果，因此，研究分析弹丸威力时以平均入射面积计算为宜，但是如果从对含能破片防护的角度考虑，就应该以最小入射面积计算。

表 8 - 11　破片极限击穿速度和余速计算

序号	靶板到炸点距离/m	靶板厚度/mm	极限击穿速度/(m·s⁻¹)		余速/(m·s⁻¹)	
			按 $\overline{S}$ 算	按最小面积算	按 $\overline{S}$ 算	按最小面积算
1#	3	10	1 139.574	574.645 5	- 4.354 8	553.008 8
2#	5	8	930.938 6	469.438 2	111.794 6	568.147 9
3#	7	6	717.297 5	361.706 8	320.138 2	673.494 6
4#	10	4	496.732 1	250.483 7	475.843 8	721.965 1

综上所述，依据静爆试验分析，引燃机理结论如下。

(1) 破片击穿靶板后的爆轰作用能够引燃靶后的棉被和油箱，但前提条件是击穿靶板的破片要到达一定数量，即击穿概率要高。

(2) 当靶板中心与炸点的距离明显大于靶板尺寸时，破片飞散角的因素对击穿概率影响很小，可以忽略不计，破片侵彻过程中自身的变形能是影响击穿概率的主要因素。但当靶板中心与炸点的距离接近或小于靶板尺寸时，破片侵彻过程中自身的变形能，以及破片飞散角带来的破片速度衰减和靶板厚度变相增加的问题都是影响击穿概率的主要因素。

(3) 当计算分析破片极限击穿速度和击穿靶板后的余速时，如果从弹丸威力设计的角度分析，应以平均入射面积计算，但是如果从对含能破片防护的角度考虑，就应该以最小入射面积计算。

8.4　引爆炸药机理分析

设计进行含能破片引爆炸药能力的试验，用两块 Q235 钢板夹紧炸药，制成炸药靶板，如图 8 - 10 所示。钢板的长、宽都为 0.3 m，厚度分为 6 mm 和 8 mm 两种。试验现场布置如图 8 - 11 所示，布设 5 套靶，每套靶上布设 4 个炸药靶板，第 1 套靶距离炸点 1.5 m 布设，钢板厚度为 8 m，第 2 套和第 3 套靶距炸点 3 m 布设，第 2 套靶钢板厚度为 6 m，第 3 套靶钢板厚度为 8 m，第 4 套和第 5

套靶距离炸点 5 m 布设，第 4 套靶钢板厚度为 6 m，第 5 套靶钢板厚度为 8 m。
爆炸后的试验现场如图 8 – 12 所示，第一套靶倒在地上，高速摄影显示，在破片
未到达炸药靶板之前，这是由弹丸爆炸冲击波造成的，破片没有击中炸药靶板。
其他 4 套靶上的炸药靶板都受到不同形式的破坏，有的是由于冲击波的冲击掉落
在地上或者悬挂在靶架上，有的是被破片侵彻引爆。

（a）　　　　　　　　　　　　　　　　（b）

图 8 – 10　炸药靶板

（a）钢板；（b）炸药

图 8 – 11　试验现场布置

图 8 – 13 所示为第 5 套靶试验后的状况，"1"是掉落在地上的钢板，
"2"是掉落在地上的炸药，"3"是炸药靶板中的炸药爆炸后造成的靶架弯
曲，"4"是炸药爆炸后驱动钢板飞行造成的后面防护钢板的穿孔。图 8 – 14
所示为被驱动的钢板侵彻较远处钢制装置，由于炸药的爆炸作用，钢板已经
严重变形，这导致无法判断该炸药靶板起爆的原因（是由自然破片引起的，
还是由含能破片引起的）。但通过有些试验结果可以判断含能破片的起爆能力，
如图 8 – 15 所示。

图 8 - 12 爆炸后的试验现场

图 8 - 13 第 5 套靶试验后的状况

图 8 - 14 炸药靶板变形侵彻其他目标

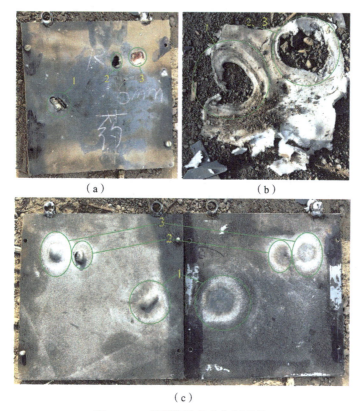

（a）　　　　　　　　　　　　（b）

（c）

图 8 - 15　被引爆的炸药靶板照片

（a）炸药靶板正面；（b）起爆后的炸药；（c）前、后钢板的内侧

　　在图 8 - 15 中，"1""2""3"部位都是对应的。由图 8 - 15（a）可知，"1""3"部位是自然破片侵彻造成的毁伤，"2""3"部位是含能破片侵彻造成的毁伤。从图 8 - 15（c）可以很明显地看出，3 个侵彻部位都引起了炸药的爆炸现象，自然破片没有击穿"1""3"部位，含能破片没有击穿"2"部位，只是引起了开裂，含能破片爆轰的能量不可能大量地从裂缝中传入炸药而引起炸药起爆。从"2"部位炸药爆炸留在钢板上的印迹看，"2"部位炸药的起爆仍然主要是由破片的冲击作用引起的，破片的爆轰能量发挥了很小一部分作用，甚至有可能忽略不计，因为破片是先侵彻后破碎，再产生爆轰现象，在爆轰能量没加载到炸药之前，炸药可能已经被引爆。

　　从图 8 - 15 中还可以看出，"1"部位由破片造成的前钢板的毁伤面积最大，变形程度最高，"3"部位次之，"2"部位最小，这说明"1"部位破片冲击能力最大，"3"部位次之，"2"部位最小。从炸药爆炸留在后钢板上的印迹看，"1"部位引起爆炸的炸药最多，"3"部位次之，"2"部位最少。由于"2""3"部位较近，所以 2 枚破片引起炸药爆炸起到了联合作用，形成了一个破坏区域。由此可见，无论是含能破片还是自然破片，只有冲击能力足够大，接触面积足够大，或者破片足够多，使各自引起的炸药爆炸区域能够连通，才能够完全引爆大尺寸的炸药。

综上所述，依据静爆试验分析，引爆炸药机理结论如下。

（1）含能破片对炸药的起爆仍然主要由破片的冲击作用引起，含能破片的爆轰能量发挥了很小一部分作用，甚至有可能忽略不计，因为破片是先侵彻后破碎，再产生爆轰现象，在爆轰能量没加载到炸药之前，炸药可能已经被引爆。

（2）含能破片和自然破片一样，只有冲击能力足够大，接触面积足够大，或者破片足够多，使各自引起的炸药爆炸区域能够连通，才能够完全引爆大尺寸的炸药。

（3）在该预制含能破片战斗部的下一步设计中，为了提高毁伤能力，应该提高破片的侵彻能力、爆轰能力、飞散密集度。具体应该做到：一是提高破片的密度，增大单位体积破片的质量；二是提高材料强度，减少破片侵彻靶板过程中的变形所带来的能量损失和质量损失；三是筛选破片形状，确定侵彻能力最强的破片形状；四是优化材料设计，提高单枚破片的爆轰引燃能力；五是优化战斗部结构，尤其是破片预制体的结构，提高在有效杀伤方向上破片的密集度。

参 考 文 献

［1］罗兴柏，张玉令，丁玉奎．爆炸力学理论教程［M］．北京：国防工业出版社，2016.

［2］罗兴柏，张玉令，丁玉奎．爆炸及其防护简明教程［M］．北京：国防工业出版社，2016.

［3］牟瑞芳．系统安全工程［M］．成都：西南交通大学出版社，2014.

［4］邵辉．系统安全工程［M］．北京：石油工业出版社，2008.

［5］林柏泉，周延，刘贞堂．安全系统工程［M］．徐州：中国矿业大学出版社，2005.

［6］胡兴俊．建设项目施工安全风险耦合机理研究［D］．上海：上海工程技术大学，2015.

［7］刘成强．煤矿安全管理方法研究［D］．青岛：山东科技大学，2006.